따끈따끈 일본 전국 빵지순례 500선

가이 미노리 지음

일본콘텐츠전문번역팀 옮김

들어가며

집마다 고유의 '집 맛'이 있듯이, 한 지역에 뿌리내린 빵집이 굽고 그 곳에 사는 사람들이 함께 맛보는 빵은 '지역의 맛'이 있다. 일본 각지의 빵을 아는 것은 흥미롭다. 그 지역의 역사를 풀어내는 일로도 이어지기 때문이다.

주로 쇼와 20~30년대(1945~1964)에 문을 연 가게가 만드는 빵, 지역 학교에 급식용 빵을 납품하며 먹을 것이 귀했던 시절부터 동네 사람들의 먹거리를 지탱해 온 가게가 만드는 빵, 재료 · 모양 · 이름 · 포장에서 지역성과 시대성을 엿볼 수 있는 빵을 '현지 빵'이라 이름 붙였다. 이러한 현지 빵집들은 1945년 이후에 개업한 후 대부분 3~4대째 대를 이어 오고 있다. 그러나 20년 간 현지 빵 연구와 수집을 하다보니 이제는 많은 가게가 폐업하거나 빵이 단종되었다. 혹은 슈퍼나 편의점 등, 어디에서든지 맛있는 빵을 쉽게 살 수 있게 되면서 지역에 뿌리내린 소규모 가게에도 큰 변화가 생겼다. 나는 사랑하는 현지 빵을 최대한 기록으로 남기고 싶다는 마음으로 개정판을 준비했다. 폐업한 가게나 단종된 빵, 새롭게 단장한 포장지가 기억 속에서 지워지지 않길 바라는 마음으로, 문을 닫은 가게나 사라진 빵도 대부분 그대로 실었다.

이 책의 초판인 『현지 빵 수첩地元パン手帖』(그래픽사)은 2016년에 출간됐다. 책을 낸 후에도 지역에서 오랜 전통을 지켜온 빵을 향한 나의 애정은 여전하며, 지금도 빵 여행과 현지 조사를 이어가고 있다. 집필뿐만 아니라 백화점 등의 빵 행사, 현지 빵을 소재로 삼은 현지 캡슐 토이나 문구류의 감수, 워크숍 및 강연회 기회도 늘어났기에 '현지 빵地元パン'을 상표로도 등록했다. 옛날부터 사람들에게 친숙한 빵은 지금까지 너무 당연하게 여겨진 탓에 조명을 받을 기회가 그리 많지 않았다. 그러나 빵 가게와 제빵사들에 대한 경의를 담아 다양한 각도에서 현지 빵 관련 활동을 지속하다 보니, 현지 빵을 사랑하는 사람들의 폭이 넓어지고 있음을 실감한다. 이 책이 현지 빵이라는 존재를 떠올림으로써 옛 그대로의 빵 맛과 매력을 깨닫는 계기가 되었으면 한다. 더불어 여러 가지 사정으로 책에 싣지 못한 가게와 빵도 많다. 아쉬움보다는 이 책을 읽는 독자 여러분이 고향이나 지금 거주하는 지역의 현지 빵에 관심을 기울이는 계기가 되기를 바란다.

일러두기

- '地元パン'은 '현지 빵'으로 번역했다.
- 빵집 상호와 빵, 재료 명칭은 최대한 의미를 살려 옮겼으며, 설명이 필요한 경우는 옮긴이 주를 추가했다.
- 빵집 정보는 현재의 상황과 다를 수 있다. 폐업한 빵집은 폐업 시기와 함께 표기했다.
- 일본 연호는 시기를 특정하기 어려운 경우를 제외하고 모두 서기로 표기했다.

〔책에서 주로 등장하는 일본 연호〕

- 메이지 : 1868년 1월 25일~1912년 7월 29일
- 다이쇼 : 1912년 7월 30일~1926년 12월 24일
- 쇼와 : 1926년 12월 25일~1989년 1월 7일
- 헤이세이 : 1989년 1월 08일~2019년 4월 30일

제1장

마음을 사로잡는 빵집 투어

‘매력 있는’ 빵에는 흥미로운 이야기가 담겨 있다. 일본 각지를 여행하며 만난 한눈에 반한 빵과 빵집의 매력 및 역사를 소개한다.

쇼와 시대의 정취를 간직한 교토시 후시미구 나야마치의 나야마치 상점가. 사사키빵은 이곳에서 100년 이상의 역사를 이어가고 있는 빵집이다. 지금은 빵의 거리로 불리는 교토에 빵집이 얼마 없던 시절부터 이어져 온 노포로, 1921년 '긴류도金龍堂'라는 이름으로 문을 열었다.

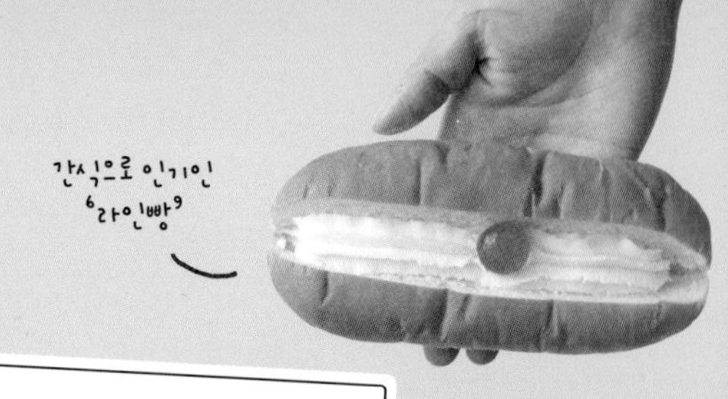

교토

사사키빵

ササキパン

매장에는 60 종류가 넘는 빵이 진열되는데 오후에는 다 팔려서 없는 빵도 많다. 어딘가 옛날 감성이 물씬 느껴지는 빵들은 1955년 무렵부터 사랑받아 온 맛이 대부분이다. 그중에서도 흰 앙금을 넣은 참외 모양의 '멜론빵'과 표면에 그물 무늬가 들어간 '선라이즈'는 간사이 지역 빵의 특색을 나타낸다. 간사이에서는 원래 참외 모양의 멜론빵이 주류였기 때문에 둘을 구별하기 위해 그물 무늬가 있는 빵에 '선라이즈'라는 다른 이름을 붙인 것이다. 예전에는 포장지에 '전당全糖'이라는 글자를 새겨서 설탕을 넣어 만든 빵이라고 표시했다. 이는 이 빵이 만들어진 쇼와 30년대에 설탕이 그만큼 귀했음을 말해준다. 그밖의 다른 빵과 포장지도 귀여움을 뽐내는 것들이 많다. 필자는 세로로 가른 콧페빵에 버터크림을 넣고 빨간 젤리를 살짝 올린 '라인빵'을 무척 좋아한다.

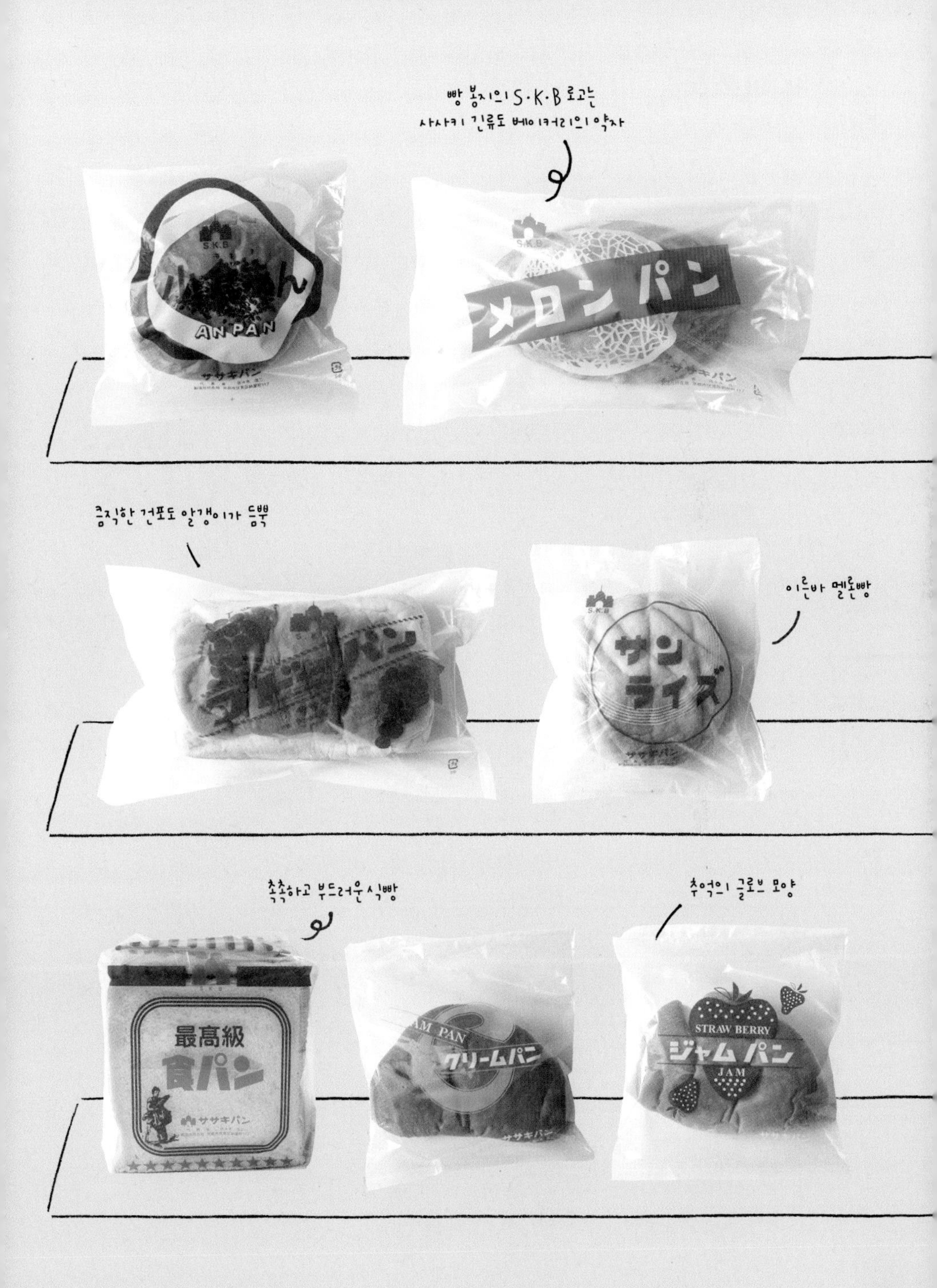
빵 봉지의 S·K·B 로고는
사사키 긴류도 베이커리의 약자
S.K.B
AN PAN
ササキパン
メロンパン
큼직한 건포도 알갱이가 듬뿍
이른바 멜론빵
サン
ライズ
촉촉하고 부드러운 식빵
추억의 글로브 모양
最高級
食パン
ササキパン
クリームパン
STRAW BERRY
ジャムパン
JAM

홋카이도 도요우라초는 풍부한 자연환경으로 둘러싸인 지역이다. 남쪽으로는 분화만(噴火灣)의 역동적인 해안선이, 북쪽으로는 곤부다케산 등의 산악 지대가 펼쳐진다. 빵과 화과자를 제조하는 소게쓰도의 빵 세트는 바다와 대지가 만들어내는 풍요로운 지역인 도요우라초의 고향 납세(우리나라의 고향사랑 기부제) 답례품으로도 선정되었다. 빵을 판매하는 '미치노에키(고속도로나 국도 등에 있는 휴게시설) 도요우라'가 고향의 맛으로 제안했다고 한다. 이 빵집 딸들이 초등학생 시절에 그린 그림을 빵 봉지 디자인으로 썼는데 그 종류가 10여 개에 달한다. 세로로 가른 콧페빵에 초콜릿크림과 생크림을 반반씩 채워 넣은 '뉴하프'와 간식으로 손색없는 '고구마참깨도넛', 일반 멜론빵보다 4배 정도 큰 거대한 멜론빵 등도 인기다.

아오모리 구도빵

工藤パン

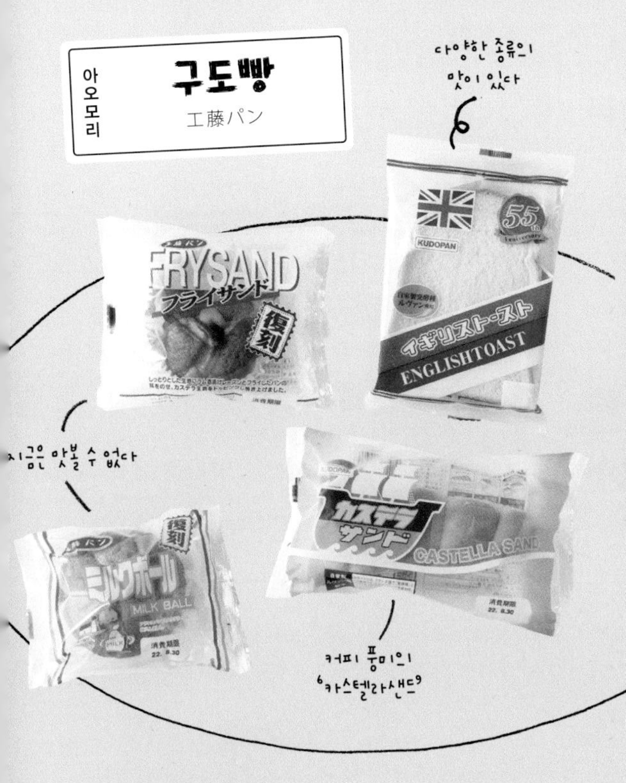

1932년 아오모리현 무쓰시에서 구도 한에몬이 소규모 빵 공장을 개업했다. 초기에는 주로 단팥빵, 크림빵, 잼빵, 현미빵 등을 만들었다. 지금까지 구도빵의 간판을 책임지고 있는 '영국토스트'는1967년에 출시했다. 수제 발효종 르방을 사용해 만든 촉촉한 식감의 자른 식빵에 전용 마가린을 바르고, 그래뉼러당을 뿌린 빵이다. 윗 부분이 산처럼 솟아오른 영국식 식빵의 '영국(이기리스 イギリス)'과 이와 붙여쓰기 좋은 어감인 '토스트'를 합쳐 이름을 지었다.

※ 사진 왼쪽 위 '프라이샌드'와 왼쪽 아래 '밀크볼'은 단종.

아오모리 가토빵

加藤パン店

창업자가 세상을 떠난 후, 쇼와 20년대부터 이어진 사토빵에서 30년 넘게 일했던 가토 리미가 가게를 물려받는 형태로 1996년에 가토빵을 개업했다. 초기에는 리어카에 빵을 싣고 팔러 다닌 적도 있다고 한다. 이곳의 명물인 '앙카케빵'은 초대점주가 센다이에 있는 다른 빵집에서 배울 때 제조 방법을 습득했다고 한다. 통팥을 채운 단팥빵 표면에 냄비에서 끓인 고운 팥을 입혔다. ※ 앙카케빵: 팥을 입힌 단팥빵

이와테

오리온베이커리

オリオンベーカリー

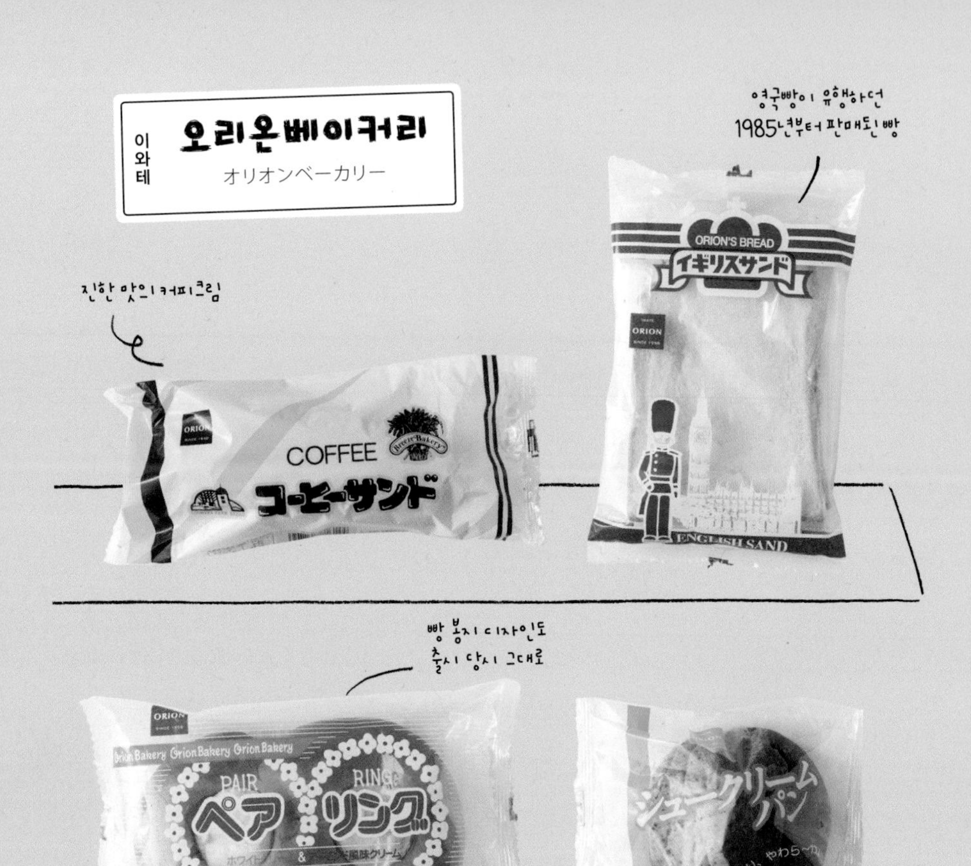

1958년, 일본의 동화작가이자 시인 미야자와 겐지의 고향 이와테현 하나마키시에서 문을 연 빵 제조업체다. 제품은 주로 슈퍼 등에서 판매되지만, 공장에 병설된 직판장에서도 직접 구입할 수 있다. 특히 '지카라(힘) 단팥빵'은 하나마키시의 고향 납세 답례품으로도 선정되어 이와테현, 아키타현, 미야기현에서 판매되

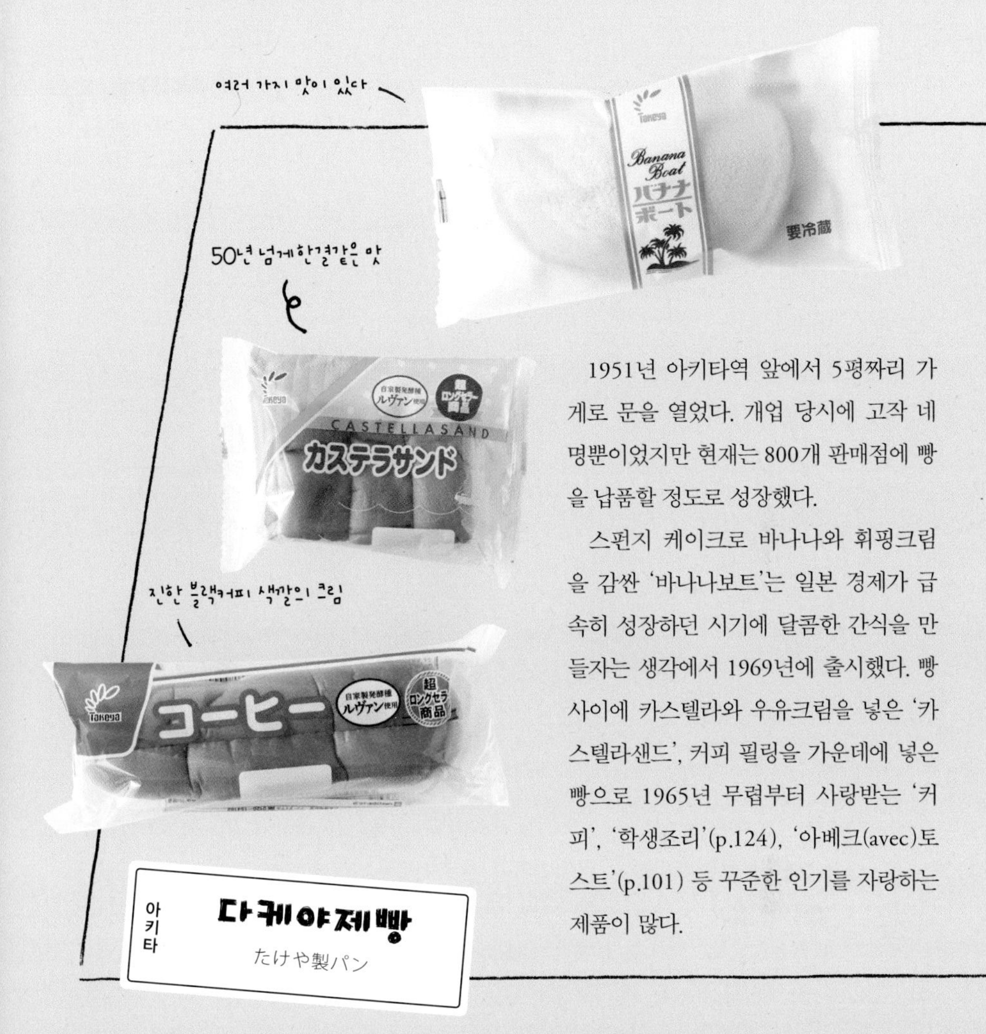

아키타

다케야제빵

たけや製パン

1951년 아키타역 앞에서 5평짜리 가게로 문을 열었다. 개업 당시에 고작 네 명뿐이었지만 현재는 800개 판매점에 빵을 납품할 정도로 성장했다.

스펀지 케이크로 바나나와 휘핑크림을 감싼 '바나나보트'는 일본 경제가 급속히 성장하던 시기에 달콤한 간식을 만들자는 생각에서 1969년에 출시했다. 빵 사이에 카스텔라와 우유크림을 넣은 '카스텔라샌드', 커피 필링을 가운데에 넣은 빵으로 1965년 무렵부터 사랑받는 '커피', '학생조리'(p.124), '아베크(avec)토스트'(p.101) 등 꾸준한 인기를 자랑하는 제품이 많다.

고 있으며, 1975년부터 꾸준한 인기를 누리는 롱 셀러다. 이 빵은 학생들의 요청으로 탄생했다고 한다. 빵을 납작하게 구워서 빵 반죽과 자사 공장에서 만든 떡을 밀착시켜 독자적인 식감을 구현했다. 일본에서 커플룩이 유행했던 1970년대에 탄생한 '페어링(커플링)'은 버터크림과 아몬드크림 두 가지 맛을 동시에 즐길 수 있다. 아키타현 요코테 · 유자와 지역 주변에서 쉽게 찾아볼 수 있는 '슈크림빵'은 커스터드빵에 초콜릿을 입혀 큼직한 슈크림을 표현했다. '영국빵'은 자른 식빵에 마가린과 그래뉼러당을 듬뿍 넣었다. 흑당이 들어간 빵에 커피크림을 넣은 '커피샌드' 또한 요코테 · 유자와 지역 주변에서 볼 수 있는 현지 빵으로,아키타현의 빵 제조업자가 만들던 것을 이어받았다.

※ 다케야제빵의 '초코버터샌드'는 p.118, '비스킷'은 p.164에도 실었다.

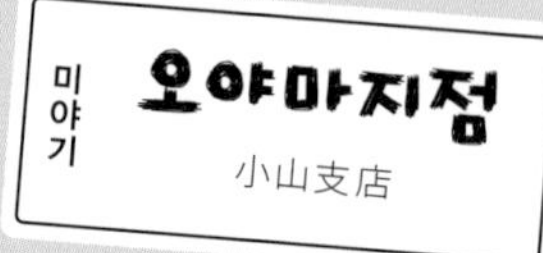

간판 하나 없이 유리문에 가게 이름이 적힌 종이 한 장이 붙어 있는, 아담한 규모의 가게다. 미야기현 가와사키마치에서 유일하게 가족이 운영하는 빵집이다. 월 · 수 · 금요일에는 수제 과자빵을 굽고, 다른 날은 고가네모치(찹쌀떡)나 가마보코(일본식 어묵) 과자, 구사모치(쑥떡) 등의 화과자를 만든다. 콧페빵 사이에 가볍게 씹히는 식감의 크림을 넣은 '버터크림빵'을 비롯해 소박한 크림 계열의 빵이 인기다. 이전에는 본점도 있었지만, 지금은 지점만 남았다. '드라이브 인' 형태로도 판매한다.

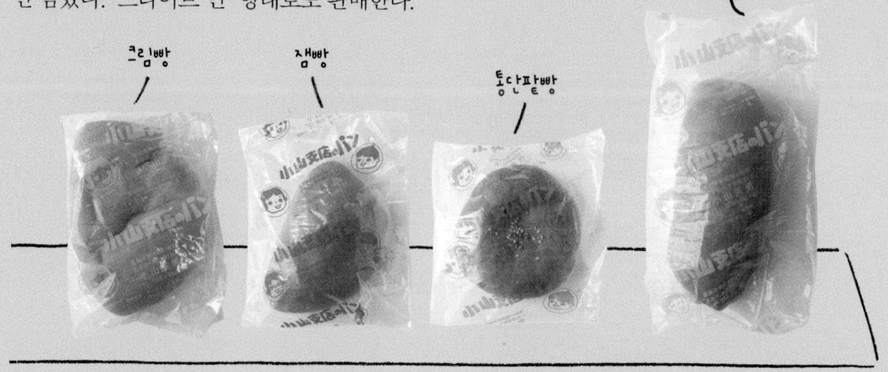

패키지의 그림은 50년 전 그대로

제2차 세계 대전 이후, 일본에서 두 번째로 큰 섬인 사도가섬에서 배급용 빵을 만드는 것으로 영업을 시작했다. 처음에는 수제 화덕을 사용했고 1954년에 회사 형태를 갖췄다. 섬을 방문했을 때 이곳의 빵과 만나게 되었다. '카스텔라샌드'는 폭신한 빵 사이에 버터크림과 카스텔라를 넣은 빵이다. 치즈 맛이 나는 '나폴레옹'은 재료로 사용한 마가린의 초기 이름(올레오)과 프랑스 황제 나폴레옹에서 이름을 따서 고급스러운 느낌으로 지었다.

주인들에게 '나카빵'이라는 이름으로 사랑받고 있다

니가타

돈쇼제빵

頓所製パン

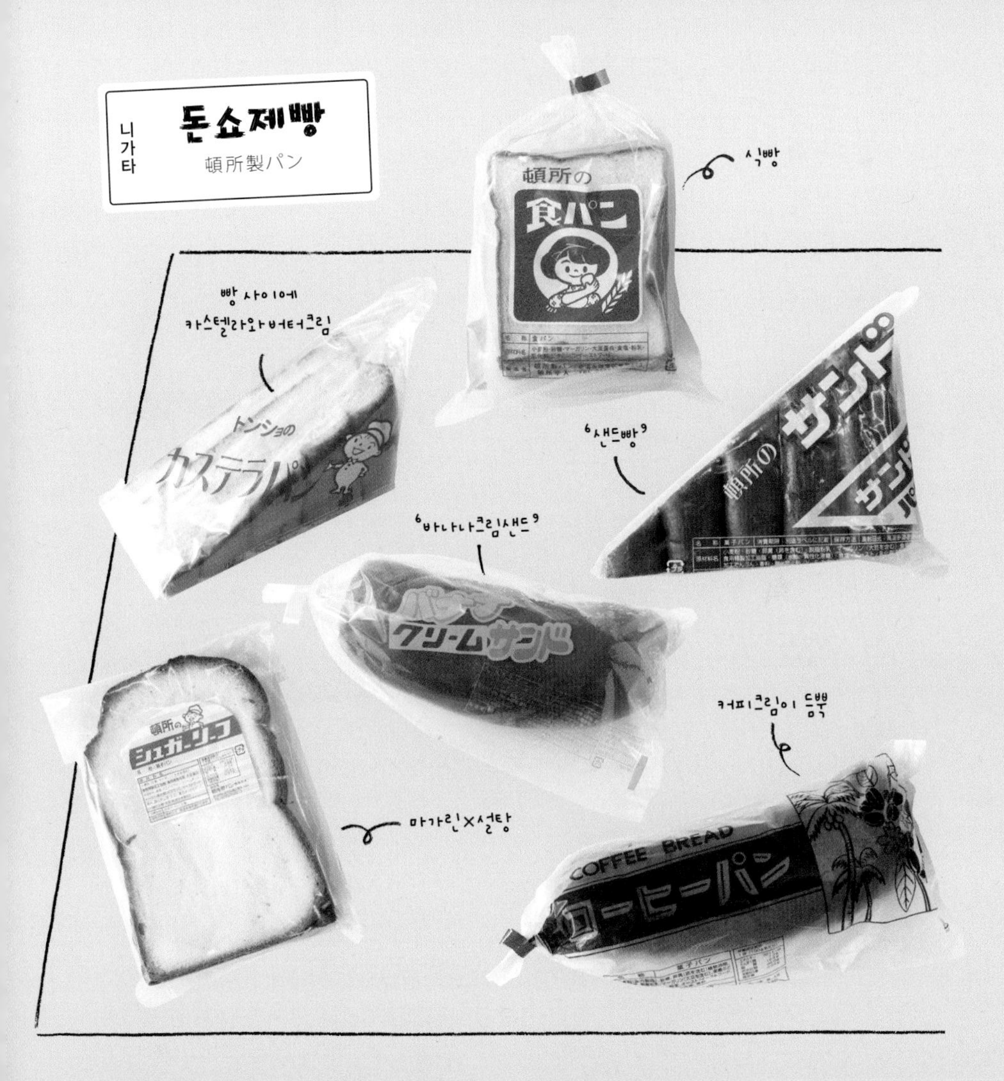

1912년에 문을 연 빵집이다. 개업 당시에는 아직 지역에 빵 문화가 뿌리내리지 않은 때라 귀한 음식으로 여겼다고 한다. 오픈 시간은 '빵이 구워지는 대로'라고 적혀 있는데, 정오 12시가 지나면 풍부한 종류의 빵을 만날 수 있으며 고르는 즐거움도 있다. 빵 굽는 데 드는 시간과 노력은 아끼지 않는다. 두 번에 걸쳐 반죽하고 발효시키는 중종법을 사용해 폭신하고 부드러운 빵을 구워낸다. 속이 꽉 차 있고 가장자리까지 맛있는 이곳 식빵은 포장지도 사랑스럽다. 토스트로 만들면 바삭하고 쫄깃한 식감을 즐길 수 있다. 한편 '샌드빵'은 니가타 지역의 다른 여러 빵집에서도 만들지만, 흑당 맛 반죽으로 버터크림을 감싸 만든 삼각형 샌드빵은 돈쇼제빵의 독자적인 모양이다.

나가노

몬드울타무라야

モンドウル田村屋

밤밀크, 딸기 등
계절 한정 맛도 다양함

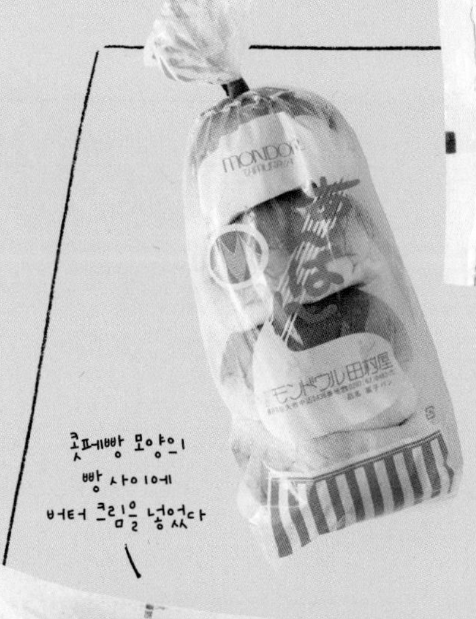

빵×카스텔라×딸기잼

콧페빵 모양의
빵 사이에
버터 크림을 넣었다

1905년 화과자점으로 개업했으며 단팥빵도 만들어 팔기 시작했다. 제2차 세계대전 후에는 학교 급식용 빵을 납품하며 나가노현 내 빵 보급에 힘썼다. 쇼와 30년대에는 주민들의 비타민 부족을 해결하기 위해 나가노현 빵조합과 함께 일명 '현민빵'을 만들어 강습회를 개최하기도 했고, 빵조합과 현내 제빵업자를 대상으로 '우유빵' 제조법도 지도했다. 중종법으로 굽는 빵과 자체 개발한 '우유빵의 버터크림'이 인기가 많으며 직판장이나 슈퍼에서 구입할 수 있다. 현재는 4대 점주가 베테랑 제빵사와 옛날 그대로의 제조법을 지키고 있다.

1957년 센베이 가게로 개업했다. 일본산 밀가루를 혼합한 반죽을 사용해, 쫄깃하면서도 부드러운 식감을 중시하며 구워내는 빵은 모두 소박하면서도 평온한 느낌이다. 수제 버터크림을 사용한 '우유빵', '두뇌분'으로 만든 콧페빵 사이에 새콤달콤한 사과잼과 마가린을 넣은 '잼&버터빵(두뇌빵)'은 3대 점주가 40년 넘게 만들고 있다. '커피샌드'는 진한 커피크림 풍미를 즐길 수 있다. 은은한 단맛을 내는 둥그스름한 단팥빵이 여러 개 들어 있는 '진짜팥빵'은 오랫동안 통팥만 넣어 만들었지만, 손님의 요청으로 고운 단팥빵도 만들기 시작했다.

※ 두뇌분: 밀가루와 비타민B1이 두뇌 활동을 활발하게 한다는 이론(『두뇌가 좋아지는 책』)에 따라, 1960년 일본제빵업체 10곳이 '두뇌빵연맹'을 결성해 개발한 밀가루.

※ '두뇌빵'은 p.201에도 실었다.

도야마

사와야식품

さわや食品

1951년에 문을 열었다. 눈이 많이 오는 겨울에는 썰매를 사용해 빵을 배달했었다고 한다. 고등학교 매점에서도 오랜 세월 빵을 계속 판매했던 터라 학창시절에 즐겨 먹던 그리운 맛을 느끼는 사람도 많다. '커피스낵'은 1976년 일본에서 유행했던 가수 퍼플 섀도Purple Shadows의 노래 '작은 스낵小さなスナック'에서 이름을 따온 제품으로, 꾸준한 인기를 자랑한다. 가구당 다시마 연간지출액이 전국에서 가장 큰 도야마현의 특색을 살린 '다시마빵'은 도야마현 에서 생산된 쌀가루와 다진 다시마를 재료로 사용한다. 씹을수록 입안에 퍼져 나가는 감칠맛이 일품이며 색다른 맛을 즐길 수 있다. 로맨틱한 이름을 가진 '하프문'은 커스터드로 선을 그린 반달 모양 빵 속에 부드럽고 고운 단팥이 들었다.

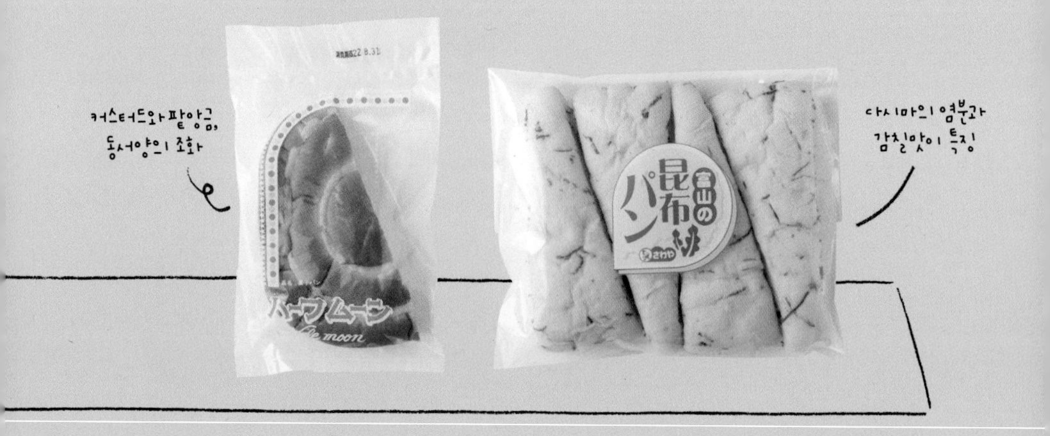

※ '커피스낵'은 p.103에도 실었다.

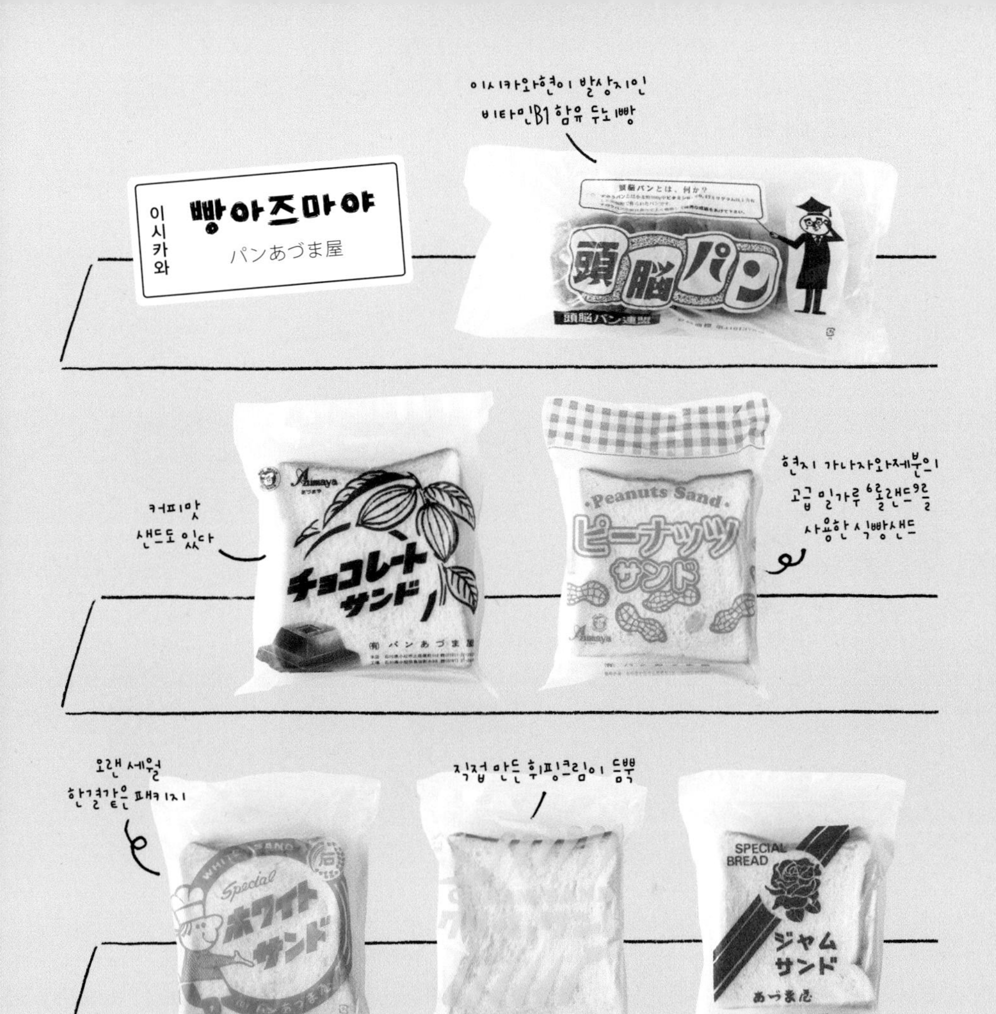

이곳의 명물 '화이트 샌드'는 1953년 개업 당시부터 3대에 걸쳐 현지 주민들의 사랑을 받아왔다. 제2차 세계대전 후 가난하고 힘들었던 시절, 얇게 썬 식빵에 달콤한 화이트크림을 바른 포만감 있는 식빵은 진수성찬이나 다름없었다. 식빵샌드는 이밖에도 초콜릿, 땅콩, 크림, 잼 등 다양한 종류가 있다. 살짝 구워 먹거나 작게 잘라 먹는 등, 저마다 즐기는 방법이 있다고 한다.

후쿠이 마루사빵 マルサパン

후쿠이역 인근에 자리한 1923년 개업의 빵집으로, 창업자 마스나가 사와키치의 '사와키치'를 따서 가게 이름을 지었다. 어딘가 향수를 불러일으키는 옛날 그대로의 빵을 만들며, 4대에 걸쳐 한결같은 맛을 지켜오고 있다. 쇼와 시대의 정취가 남아 있는 공장의 병설 직판장이나 후쿠이현에 들어선 첫 편의점으로 알려진 '오렌지BOX' 등에서 판매한다. 여기에서 소개하는 빵 이외에도 '멜론빵', '단팥빵', '커피샌드', '크림빵' 등이 있다. 포장지가 저마다 개성 있는 디자인이라, 빵을 먹고 난 뒤에도 소중히 가져가고 싶어진다.

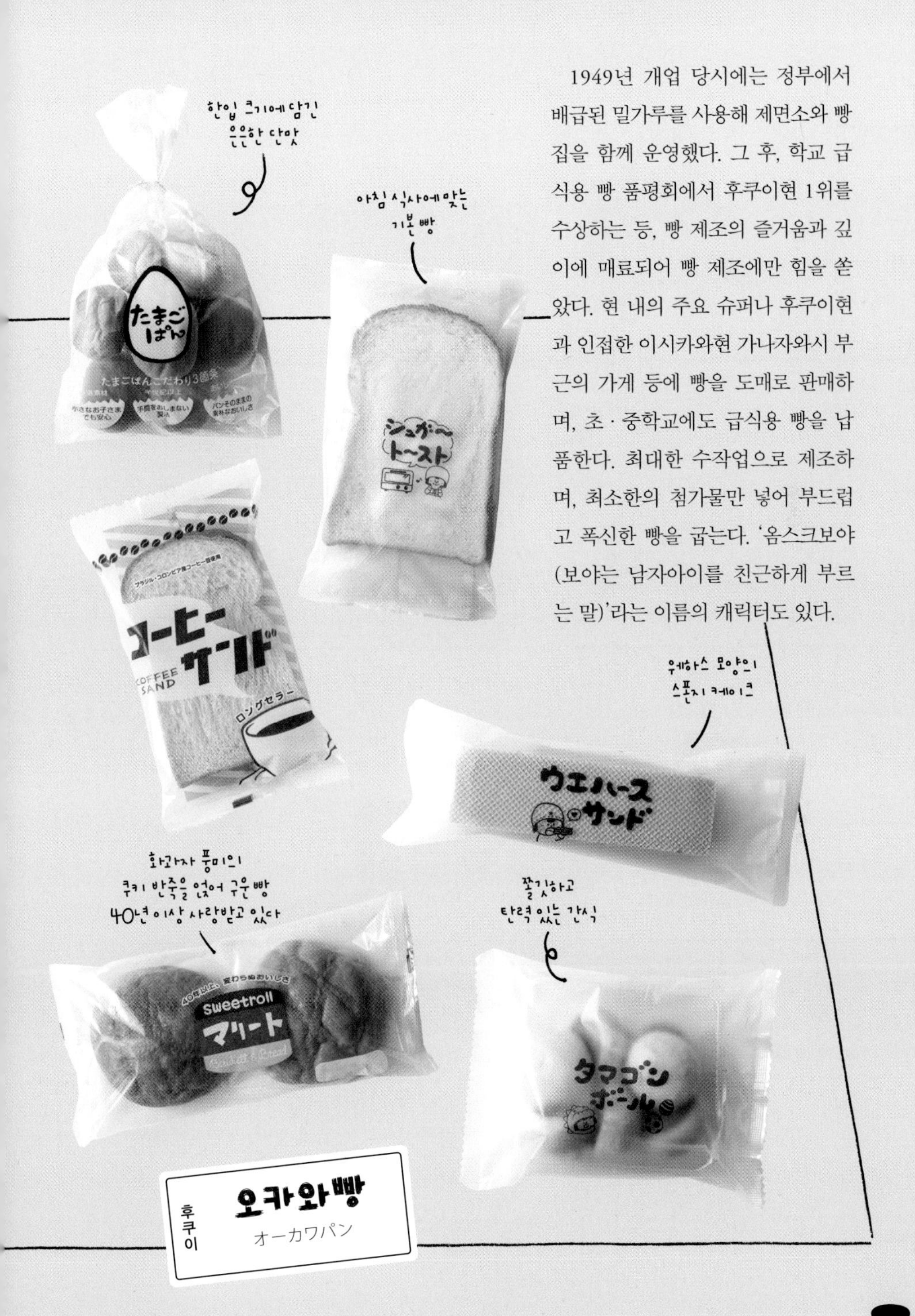

1949년 개업 당시에는 정부에서 배급된 밀가루를 사용해 제면소와 빵집을 함께 운영했다. 그 후, 학교 급식용 빵 품평회에서 후쿠이현 1위를 수상하는 등, 빵 제조의 즐거움과 깊이에 매료되어 빵 제조에만 힘을 쏟았다. 현 내의 주요 슈퍼나 후쿠이현과 인접한 이시카와현 가나자와시 부근의 가게 등에 빵을 도매로 판매하며, 초·중학교에도 급식용 빵을 납품한다. 최대한 수작업으로 제조하며, 최소한의 첨가물만 넣어 부드럽고 폭신한 빵을 굽는다. '옴스크보야(보야는 남자아이를 친근하게 부르는 말)'라는 이름의 캐릭터도 있다.

후쿠이 오카와빵

オーカワパン

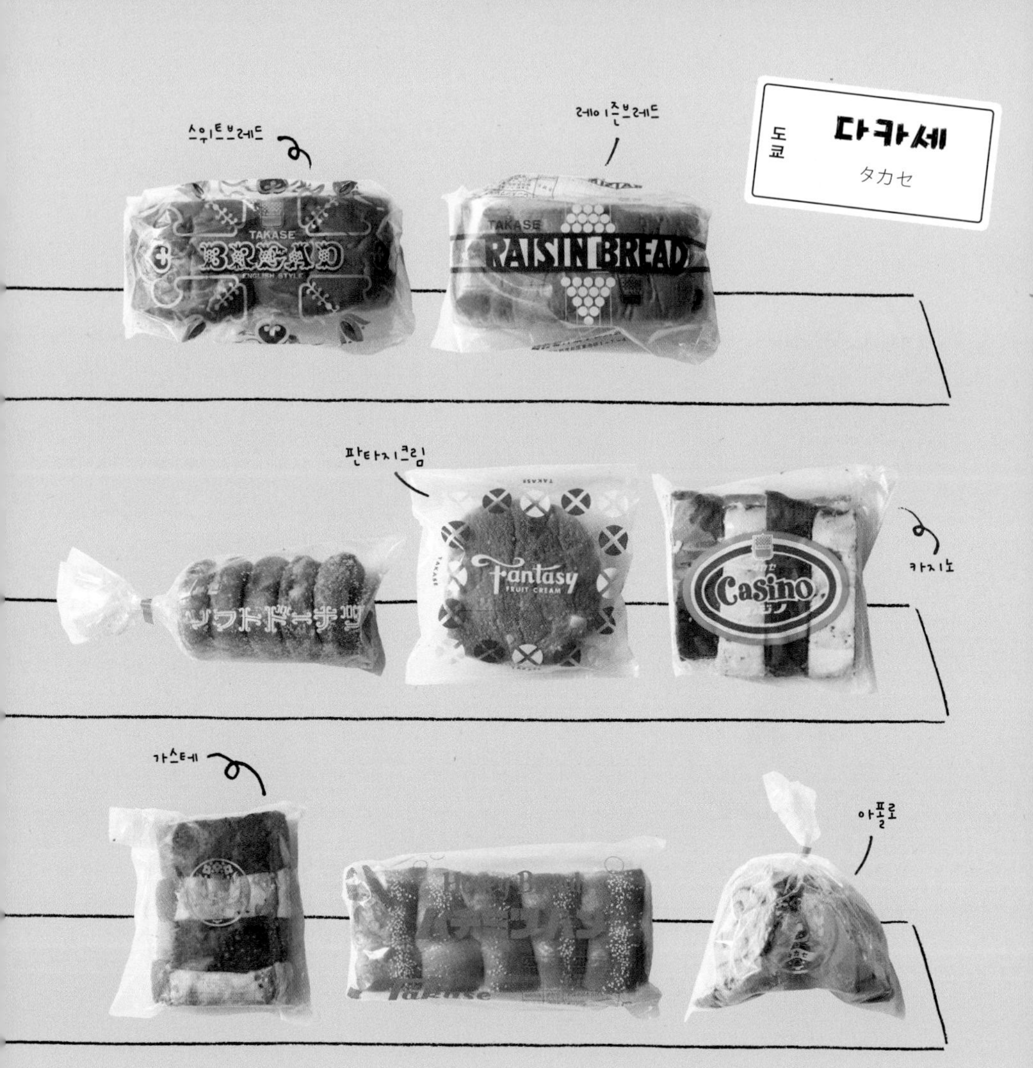

1920년 가가와현 미토요시 다카세초 출신의 초대 점주가 단팥빵을 시연, 판매하는 가게를 시작했다. 개업 당시 상호는 '모리나가벨트라인스토어'였으며, 이후 양과자 판매와 카페 · 레스토랑 사업도 전개하기 시작했다. 이케부쿠로본점 1층의 빵 · 양과자 코너에는 하나같이 매력적인 빵들이 진열되어 있는데, 한 봉지만 먹어도 배가 든든하다.

'카지노'는 과일이 들어간 크림과 커스터드 크림을 사이에 넣은 빵을 설탕 시럽과 초코로 코팅했다. '가스테'는 카스텔라가 들어간 과자빵이고, '판타지크림'은 과일 크림이 채워져 있다. 우주선 모양을 닮아 '아폴로'라는 이름이 붙은 빵은 속에 스폰지 케이크가 들었다.

1951년 개업 후 얼마 되지 않았을 무렵의 일이다. 창업자의 아내 지에코 씨는 『생활의 수첩暮しの手帖』(일본의 가정생활 종합 잡지)에서 마요네즈를 사용한 레시피를 알게 되어, 양배추와 마요네즈를 조합한 초대 '사라다빵'을 고안했다. 하지만 오래가지 못하고 1년여 만에 판매를 중단했다. 지에코 씨는 마요네즈와 샐러드를 표현한 노란색과 초록색의 빵 포장지 재고를 활용하기 위해 마침 식탁에 있던 단무지를 다져 빵 속에 넣었는데, 이것이 지금의 사라다빵이 탄생하게 된 비화다. 이어서 둥그런 빵에 마요네즈와 어육햄을 넣은 '샌드위치'도 완성했다. '스마일샌드'는 콧페빵에 담백한 풍미의 버터크림과 설탕 절임 젤리를 넣은 빵으로, 개업 당시 가장 인기를 끌었던 제품을 그대로 재현한 복각판 빵이다.

미에

마루요제빵소

丸与製パン所

이세신궁을 여행하던 도중, 이세에는 '팡(빵)주', '가타빵'처럼 이름에 '빵'이 들어간 과자가 뿌리내렸다는 이야기를 듣고는 맛보고 싶은 마음에 가게를 찾았다. 현지 주민에게 물어보니, 이세신궁 외궁 근처에 당초무늬를 찍은 가타빵을 만드는 가게가 있다고 알려주었다. 옛날에는 운동회나 축제 때 이 가게에서 만든 '축(祝)' 글자가 찍힌 가타빵을 나누어주었다고 한다.

한편, 이세 지역에서는 가게나 집에 일 년 내내 금줄을 장식하는 풍습이 있다. 메이지 후기에 개업한 '마루요제빵소'의 출입구도 빵집답지 않은 엄숙한 분위기가 감돈다. 작고 소박한 진열장 하나에 매력적인 빵이 죽 놓여 있다. 마음이 들뜬 나머지 "여기에 있는 종류 다 주세요." 하며 빵을 가득 사고 말았다. 가타빵은 가게를 나오자마자 덥석 베어 무는 바람에 깜빡하고 사진은 남기지 못했다.

※ 가타빵: 밀가루, 물, 소금 등으로 만든 비스킷의 일종으로 매우 단단한 것이 특징.

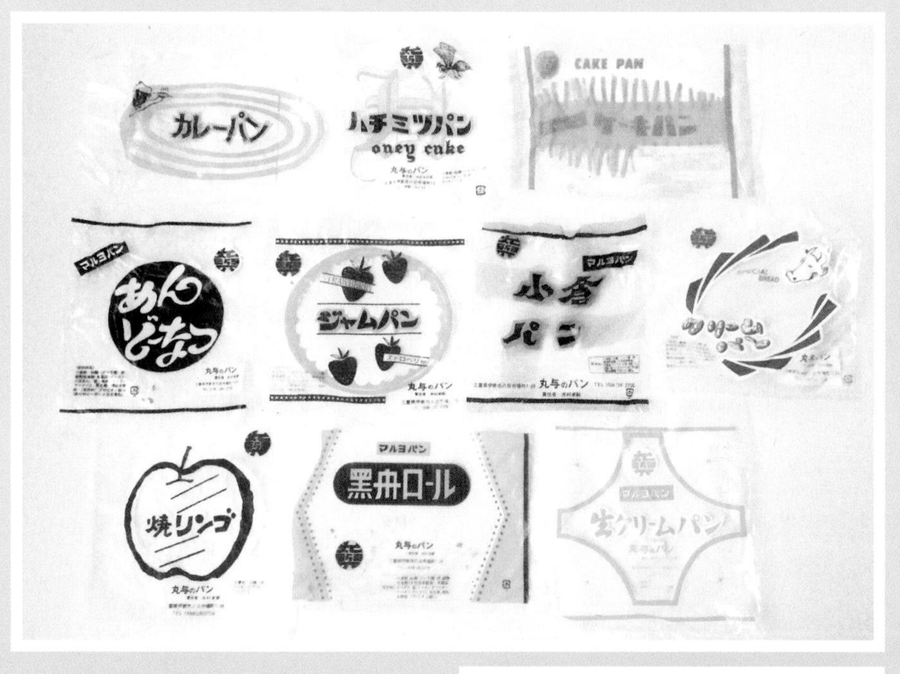

※ 위 사진은 빵을 먹고 난 뒤에 찍은 빵 봉지이다. 개성이 넘쳐서 기념으로 한데 모아놓고 찍었다. 그 외에는 빵을 맛보기 전에 찍은 것이다. 전부 1955~1965년 무렵부터 만들어 팔았다고 하며, 패키지도 대부분 그대로다. 옛날에는 제품명을 순간 떠오르는 이름으로 대충 짓기도 했다. 예시로, 마루요제빵소의 '구운 사과'에는 사과가 들어가 있지 않다.

미에

리스돌

リスドール

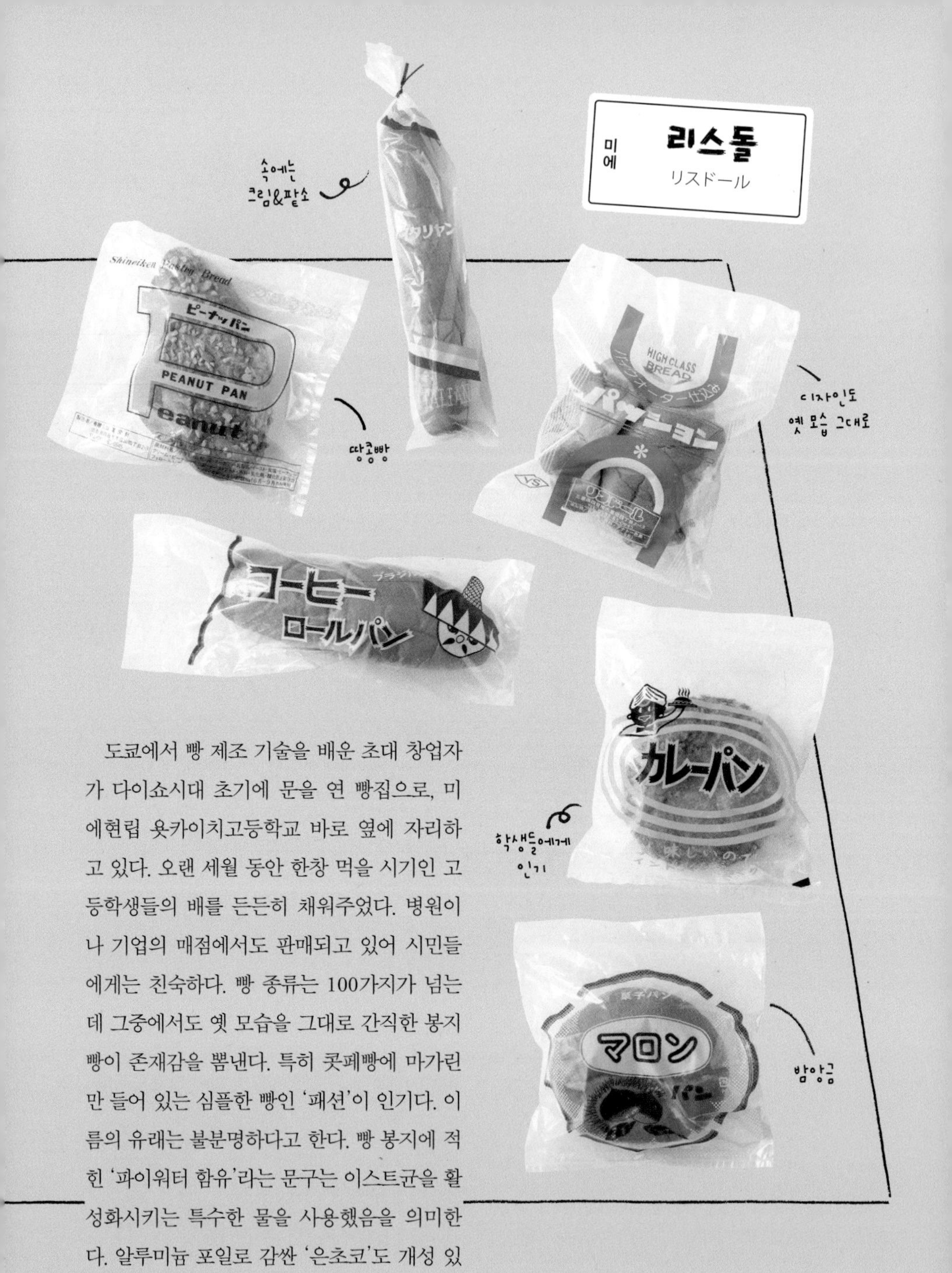

도쿄에서 빵 제조 기술을 배운 초대 창업자가 다이쇼시대 초기에 문을 연 빵집으로, 미에현립 욧카이치고등학교 바로 옆에 자리하고 있다. 오랜 세월 동안 한창 먹을 시기인 고등학생들의 배를 든든히 채워주었다. 병원이나 기업의 매점에서도 판매되고 있어 시민들에게는 친숙하다. 빵 종류는 100가지가 넘는데 그중에서도 옛 모습을 그대로 간직한 봉지빵이 존재감을 뽐낸다. 특히 콧페빵에 마가린만 들어 있는 심플한 빵인 '패션'이 인기다. 이름의 유래는 불분명하다고 한다. 빵 봉지에 적힌 '파이워터 함유'라는 문구는 이스트균을 활성화시키는 특수한 물을 사용했음을 의미한다. 알루미늄 포일로 감싼 '은초코'도 개성 있고 독특한 느낌이라 추천하고 싶다.

오사카부의 학교 급식 빵 지정 공장으로, 1945년부터 역사를 이어가고 있다. 본가가 만주 가게를 운영했던 터라 팥앙금을 사용해 빵 제조를 시작했다고 한다. 상점과 슈퍼에 도매로 판매할뿐 아니라, 축제나 지역 행사에도 기여해 왔다. 직영점은 없지만, JA오사카센슈(오사카부 남부의 농협)에서 운영하는 직판장 '고타리나'에서 판매 중인 과자빵을 공장에서도 직접 판매하고 있다. 옛날 제조법을 그대로 사용해 만드는 부드러운 식감의 빵은 어린 시절 간식으로 즐겨 먹던 추억의 맛을 떠올리게 한다. 팥앙금, 잼, 커스터드크림, 버터크림 등, 빵 이외의 재료도 직접 만든다.

오사카

사강제빵

サガン製パン

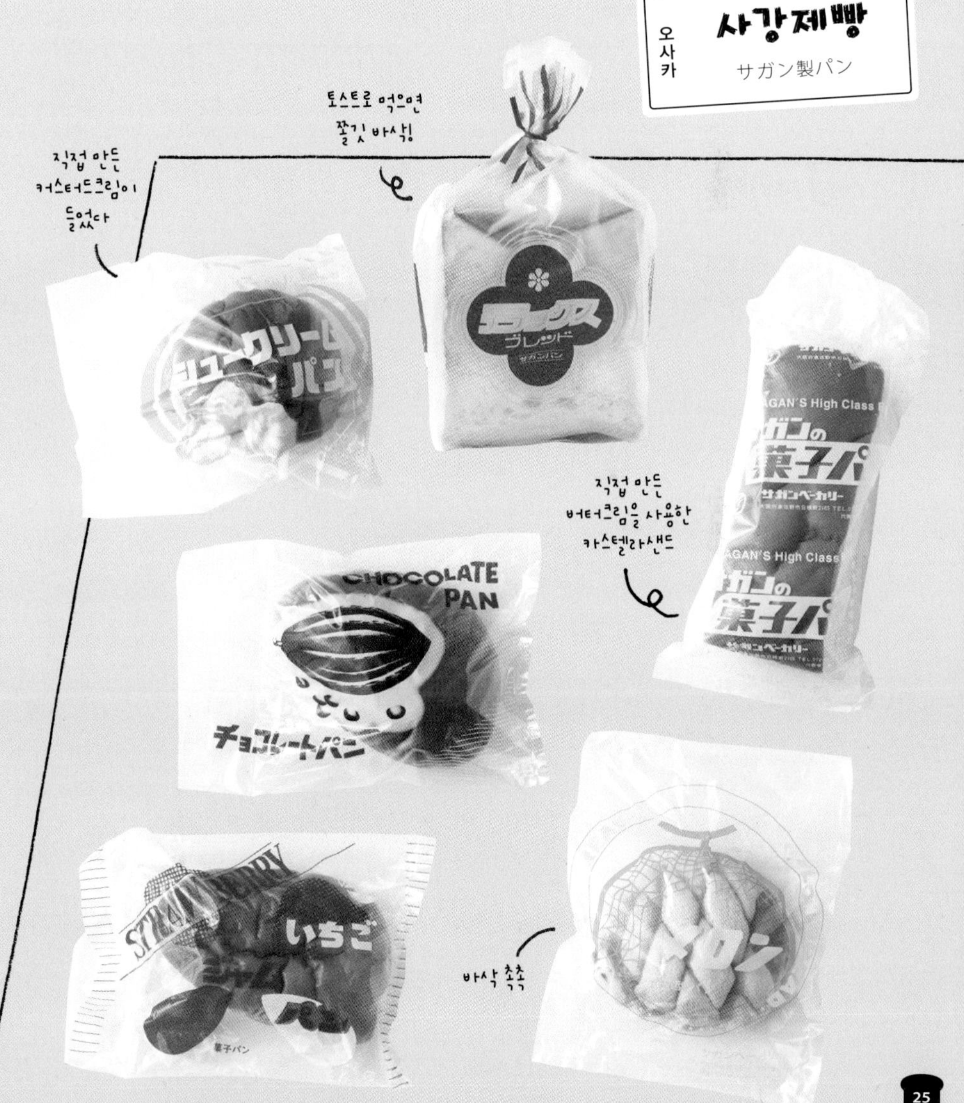

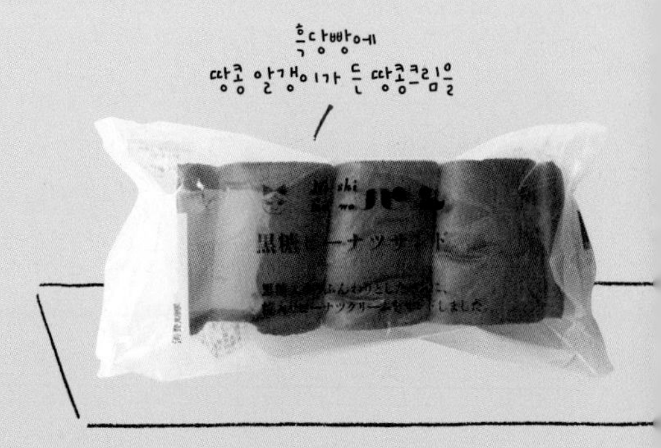

니시카와식품
ニシカワ食品

시부야에 자리한 '비론'의 바게트와, 여기에 어울리는 치즈와 페이스트는 도쿄의 선물로 인기가 많다. 향긋한 밀 냄새와 씹는 맛이 있는 빵 표면, 탄력 있고 쫄깃하면서도 부드러운 식감이 특징이다. 이렇게 깊은 풍미와 식감을 가진 바게트를 가까운 곳에서 사 먹을 수 있다니, 도쿄 생활이 행복하게 느껴졌다. 비론은 내가 가장 즐겨 찾았던 빵집 중의 하나다. 그로부터 얼마 뒤, 비론의

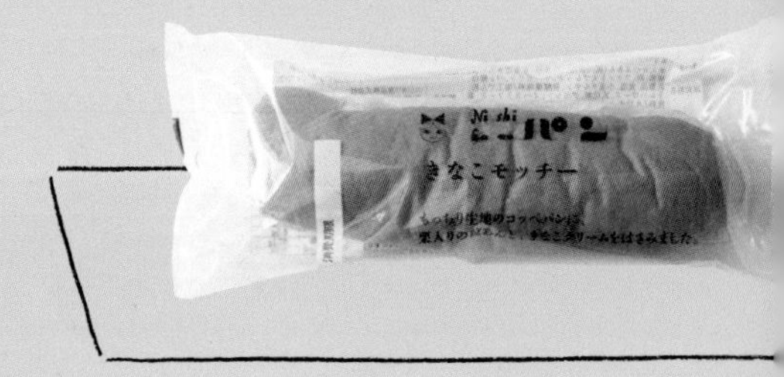

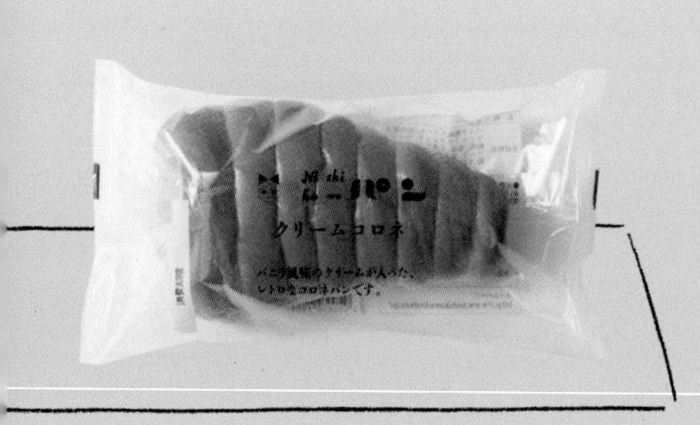

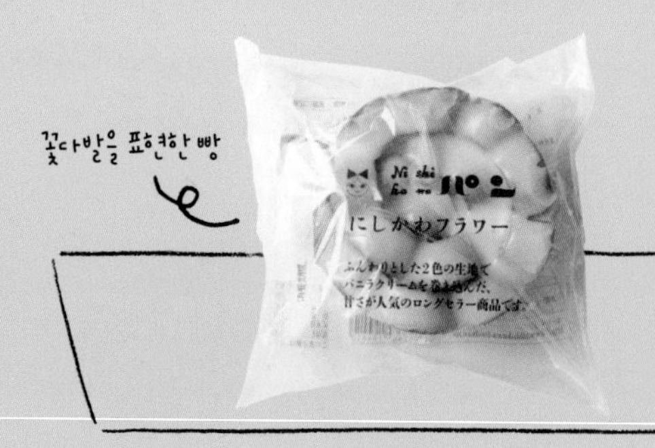

※ 빵 봉지에 그려진 여자아이 캐릭터의 이름은 '파니짱'. 속눈썹이 길고 큰 눈을 가졌으며 머리에 큼직한 리본을 달았다. 1960년에 개업한 이곳은 현재 3대째 이어 내려오고 있다.

모체가 식량난이 심했던 1947년에 효고현 가코가와역 앞에서 개업한 '니시카와빵'이라는 사실을 알았고, 간사이 지역을 방문했을 때 판매점을 찾아내 빵을 사서 돌아왔다. 직영점뿐만 아니라 슈퍼에서 볼 수 있는 다양한 종류의 식빵과 과자빵에 이렇게 질도 좋고 맛있는 빵이 있다니. 가코가와를 비롯해, 니시카와빵을 손쉽게 사 먹을 수 있는 현지 주민들이 부럽기 그지없다. 빵 봉지에는 머리에 리본을 단 귀여운 캐릭터가 그려져 있는데, '파니짱'이라는 이름으로 사랑받고 있다. 또한, 쇼와 20년대부터 현지 초 · 중학교에 급식용 빵도 납품하고 있다. 새벽 1시부터 준비를 시작해 이른 아침 5시부터 구워낸 빵을 각 학교로 배달한다.

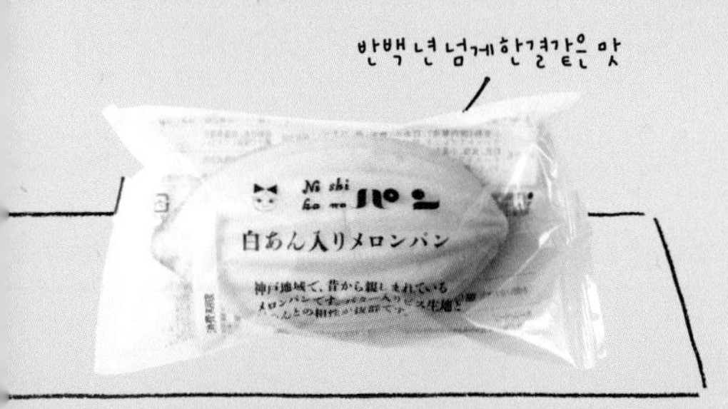

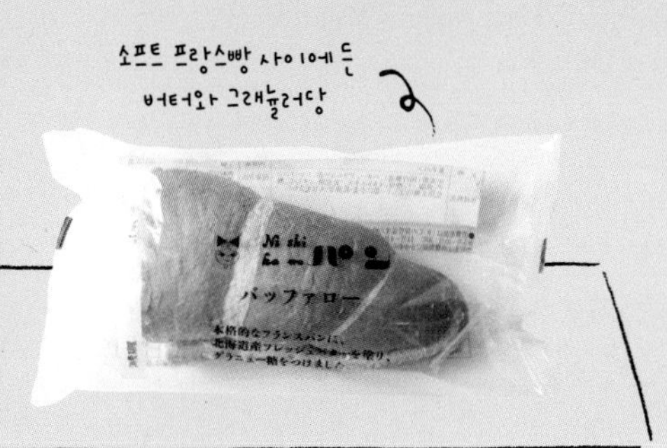

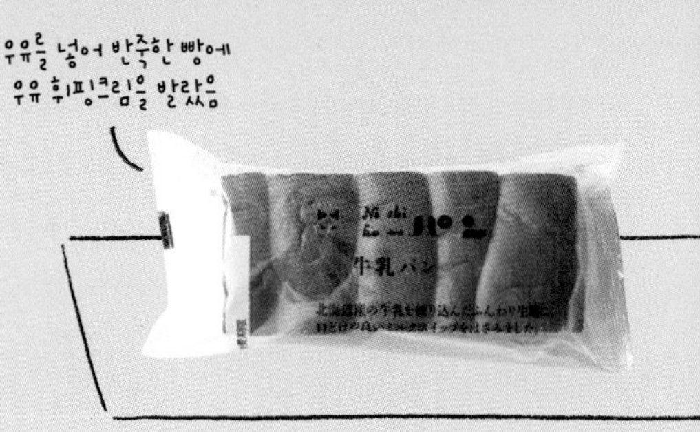

노면전차가 역 앞 대로변을 달리는 아이치현 도요하시시. 여기서 나고 자란 친구에게 이끌려 처음으로 이가게를 방문했을 때, 과자빵 봉지의 디자인과 빵 이름부터 가게 간판, 장식, 가구, 조명까지, 그곳에 있는 모든 물건이 쇼와시대의 정취를 띠고 있어 감탄하면서도 아련함을 느꼈다. 마치 오랫동안 다니던 가게를 다시 찾은 듯한 향수가 밀려왔다. 본.센가는 1912년 과자 도매업으로 문을 열었으며, 쇼와 초기부터 빵과 과자를 제조, 판매하기 시작한 노포다. 수십 년 동안 한결같은 빵 맛과 모습을 유지하고 있다. 이날, 나는 이곳에 있던 거의 모든 종류의 빵을 산 뒤, 빵집에 딸린 카페로 자리를 옮겨 일행과 함께 신나게 맛을 비교하며 먹었다. 이제는 좀처럼 맛볼 수 없는 '쇼와의 정취가 느껴지는 옛날 그대로의 맛'이

※ '본(bon)'은 프랑스어로 '좋은' 또는 '맛있는'을 의미하며, 쇼와시대에는 모던한 가게 이름의 상징이었다. 가게 인테리어나 빵 봉지 디자인이 새로 교체되는 가운데, 옛날 빵집의 모습을 간직한 가게를 추억하고 싶어서 일부러 멀리서 찾아오는 손님도 많다.

눈앞에 있으니 모두의 눈이 반짝였다. 어릴 적 즐겨먹던 추억의 빵 맛은 가족이나 친구, 당시 나눴던 이야기나 풍경을 비롯해 기억 속에서 잊혀가던 옛 감정까지도 불러일으킨다.

베이커리돈구는 오카야마역에서 모모타로선이라는 애칭으로 일본 사람들에게 친숙한 기비선 열차를 타고 40분 남짓의 거리에 있다. 모모타로(일본 전설 속의 영웅)의 모델로 알려진 기비쓰히코노 미코토(일본서기 등에 등장하는 황족) 전설과 고분, 유적이 많기로 유명한 소자시의 소자역 앞에 자리하고 있다. 이 지역은 오카야마현 내에서 빵 제조출하액이 가장 많은 곳으로 베이커리돈구는 1928년부터 지금까지 이어지는 노포 빵집이다. 오랜 세월 현지 학교에 급식용 빵을 납품하며 지역의 먹거리를 지탱해 왔다. 가게 이름은 창업자의 성인 '돈구'에서 유래했다. 가장 인기 있는 빵은 단골 사이에서 기름빵이라 불리는 '아게앙'으로, 개업 당시부터 꾸준히 팔리는 롱 셀러다. 직접 만든 고운 단팥빵을 기름에 튀기고 그 위에 시나몬으로 풍미를 더했다. 쫀득한 빵과 부드러운 팥소의 식감은 멀리서 일부러 찾아오는 사람까지 있을 정도로 인기가 많다. 일명 베개빵이라 불리는 '버터롤' 역시 꾸준히 인기다. 버터가 듬뿍 들어간 콧페빵으로, 노릇노릇하게 구워 먹으면 일품이다. 옛날에는 빵 모양이 지금보다 더 베개를 닮아 귀여운 애칭이 널리 퍼졌다. 그밖에도 멜론빵이 '솔방울'로 불리기도 했다. 빵 봉지에 적힌 글자나, 특색 있는 빵 이름이 있다는 점이 3대에 걸쳐 단골이 많은 이곳만의 특징이다. 아울러 '바나나롤', '삼각잼빵', '크림빵', '완두 앙금빵', '커피롤' 등, 추억을 불러일으키는 봉지빵 시리즈는 모두 빵 업계의 과거 인기 스타를 방불케 하는 디자인이다.

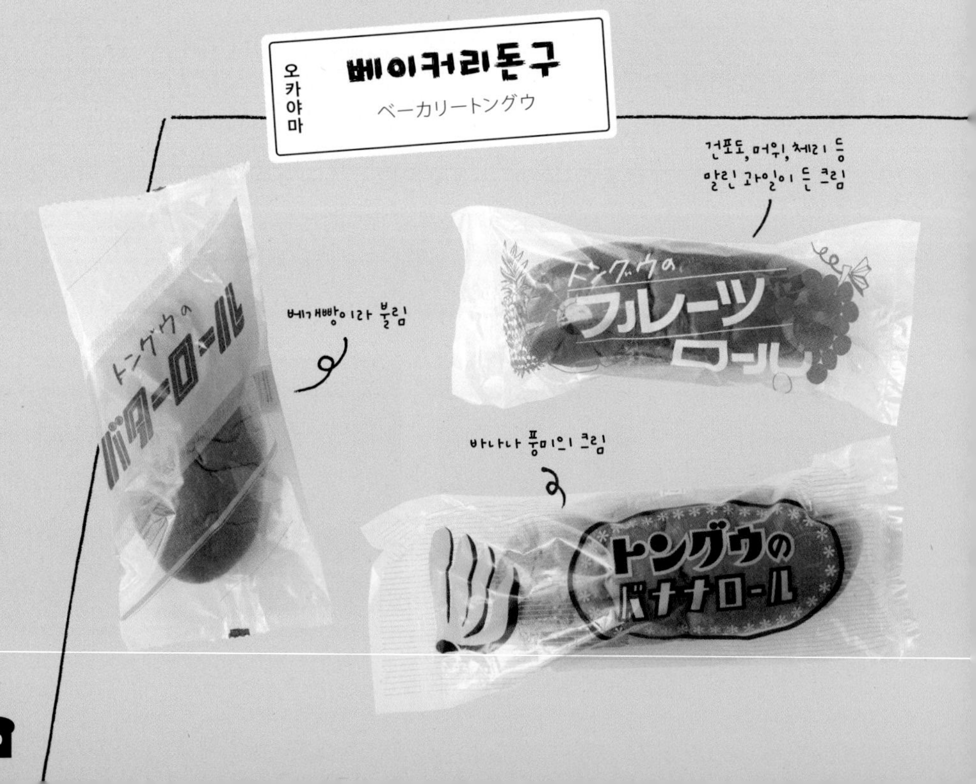

진한 맛의 커피크림

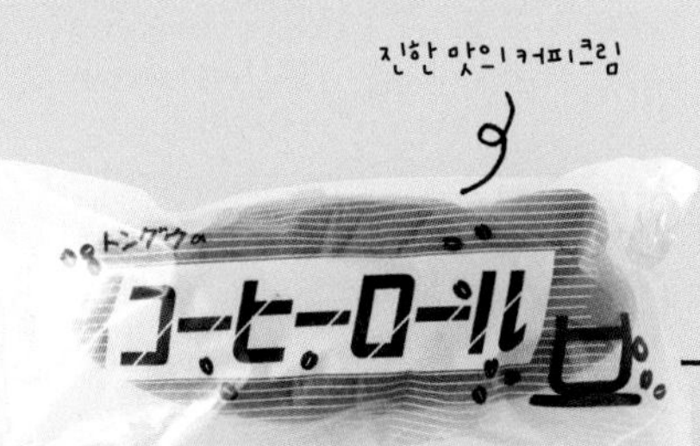

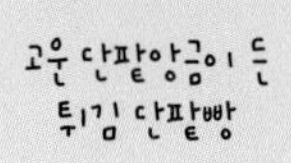

딸기잼을 바른
삼각형 소보로빵이
두 개

100년의 역사를 지닌 오카야마역 앞 호칸초상점가. 빵집에 들어서자, 매력있는 빵이 가득하다. 마가린을 비롯해 커피, 바나나크림, 초콜릿까지, 직접 만든 크림을 바른 롤빵 시리즈가 보인다. 긴자키무라야에서 빵 제조 기술을 배운 초대 점주가 1919년에 개업한 빵집으로, 단팥빵 맛은 100년 이상 이어지고 있다. 달걀과 마가린을 사용한 '스네키'등, 주종 풍미의 빵도 볼 수 있다. 일찍이 프랜차이즈 시스템을 도입해 오카야마현 내에 직판점과 전매점을 다수 운영하고 있다. 특히 현지에서 사랑받는 '바나나크림롤'은 오카야마 출신 사람들의 소울 푸드다.

※ 스네키: '뱀(sanke)'과 '달팽이(snail)' 중 어느 쪽에서 유래했는지는 확실하지 않다.

오카야마
오카야마키무라야
岡山木村屋

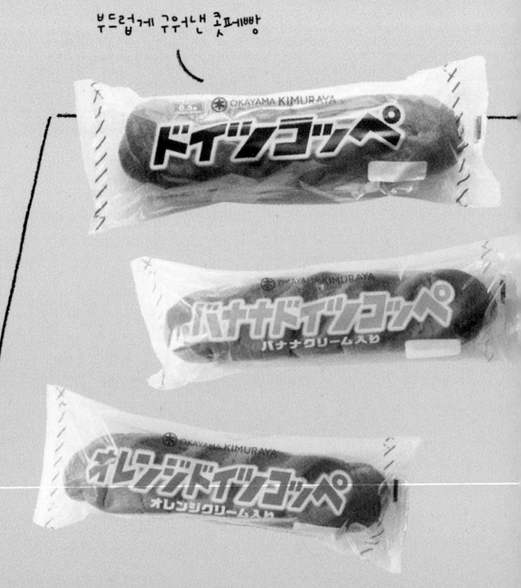

※ 오카야마키무라야 호칸초히가시점 외관.

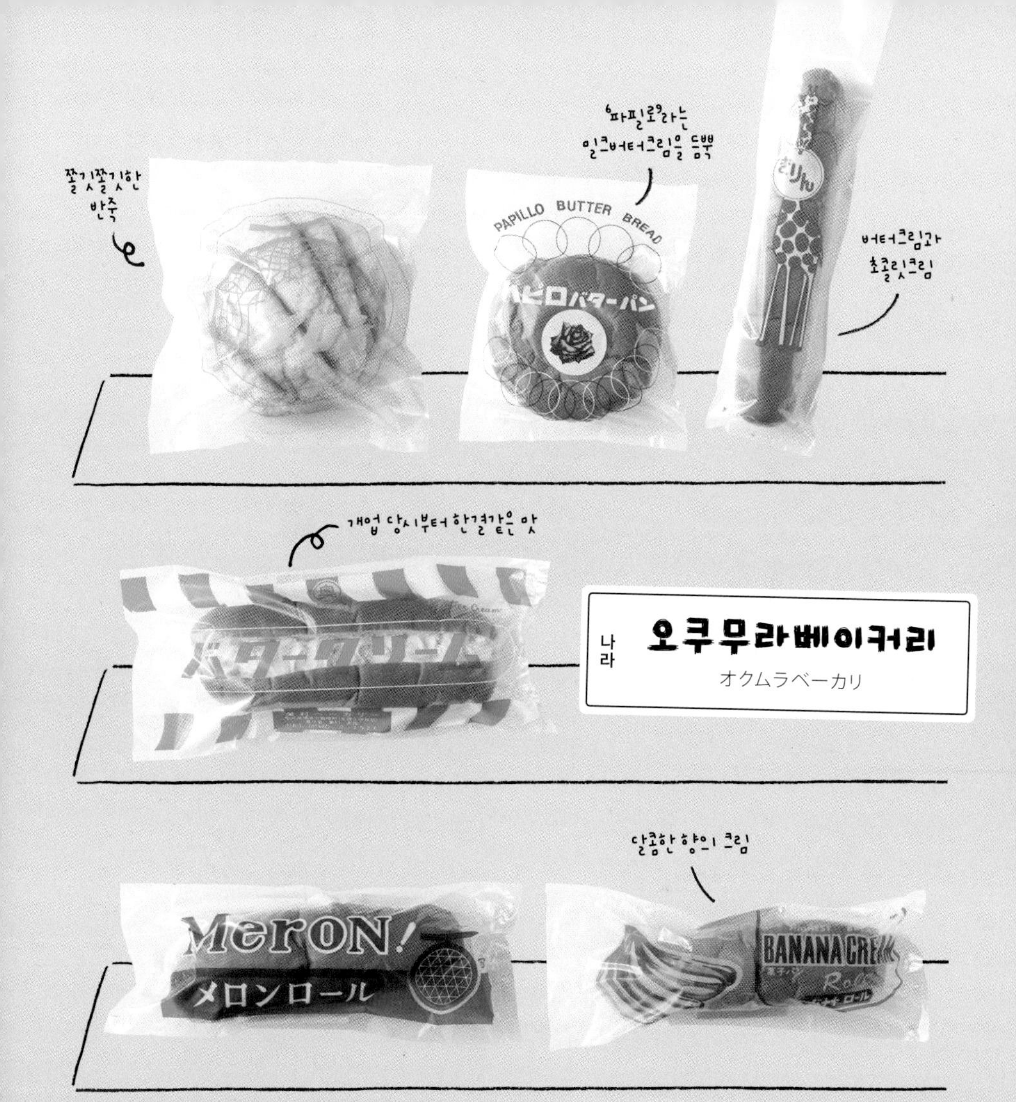

1945년, 오사카의 제빵회사에서 근무하던 초대 점주가 독립해 빵 공장을 만들었다. 현재는 2대와 3대, 직원 모두가 힘을 합쳐 지역을 위해 빵을 만든다. 사용하는 재료를 중시할 뿐만 아니라, 그날의 날씨를 고려하는 등 수고를 아끼지 않는다. 학교에 급식용 빵을 납품하는 한편, 병원과 역 매점, 양로원 등에서도 판매한다. 나라현에서 생산한 쌀가루를 사용해 폭신하게 구운 콧페빵에 풍미가 좋은 버터크림을 넣은 '버터크림빵'을 비롯해 옛날 과자빵이 다시 인기를 끌고 있다. 그래서 옛날 모습을 똑같이 재현한 복각판 빵도 있다고 한다. 아침 6시에 문을 여는데 이 시간에도 많은 사람이 방문한다.

고치

나가노아사히도 본점

永野旭堂本店

※ 2019년 폐업

이름, 모양, 맛이 모두 정적인 '모자빵'(p.193)은 고치현 주민의 소울 푸드다. 소리 내어 불렀을 때의 어감은 물론, 맛과 모양도 절로 미소를 짓게 한다. 1927년에 개업한 나가노아사히도 본점에서 탄생했다. 찐빵 제조부터 시작한 가게답게, 카스텔라 반죽을 씌운 모자빵처럼 달콤한 맛이 특징인 과자빵은 그야말로 일품이다. '니코니코(생긋생긋)빵'도 그중 하나다. 부드럽게 거품을 낸 마가린크림에 톡톡 씹히는 식감을 더하기 위해 설탕을 섞는다. 하얀 크림과 잘 어울리도록 진한 색의 콧페빵을 선택했다고 한다. 크림과 초코칩을 조합한 '마블초코버터'와 마찬가지로 1955년에 탄생한 빵이다. 1945년 이후, 빵 수요가 급증하면서 출시 초기부터 식사나 간식용으로 날개 돋친 듯 팔려나갔다.

동그란 눈과 얼굴에 요리사 모자를 쓴, 빵 요정 같은 캐릭터가 포장지 한쪽에 그려져 있다. 이제는 귀해진 이 손그림 디자인도 존재감을 발휘한다. 달콤한 빵들을 눈앞에 보면 순수하고 사랑스러운 아이를 마주했을 때처럼 '아아, 어쩜 이렇게 사랑스러울까.' 하고 나도 모르게 감탄이 새어 나온다. 1933년에 문을 열었으며, 다카마쓰 지역 주민들에게는 급식빵으로도 친숙하다. 빵 위에 화이트 초콜릿을 입힌 '플라워브레드'는 아름다운 공주를 연상시킨다.

가가와

마루킨 제빵공장

マルキン製パン工場

※ 긴토키마메 : 강낭콩의 일종.

※ 2017년 폐업

1955년 무렵에 개업했으며,학교 급식용 빵 제조부터 시작했다. 야마가온천 변두리에 자리해 있어, 온천 장기 투숙 손님도 많이 발걸음한다. 매장의 '추억의 빵' 코너에는 두 가지 종류의 빵이 진열되어 있다. 트위스트형 콧페빵에 마가린을 넣은 '버터소프트'는 촉촉하고 부드러운 식감을 자랑한다. 폭신한 롤빵에 '오구라앙'과 우유크림을 넣은 '긴토키빵'과 함께 선대의 선대부터 이어지는 맛이다. 치즈크림이 든 식빵을 바삭하게 구운 '삼각빵'과 진열하기가 무섭게 금세 팔려 '환상빵'이라 불리는 초콜릿을 입힌 멜론빵도 간판 제품이다.

구마모토

신세이도

真生堂

'우지긴토키'에서 힌트를 얻어 완성

※ 오구라앙: 꿀에 졸인 통팥에 으깬 팥을 섞어 만든 팥소.

※ 우지긴토키: 데친 팥과 잘게 간 얼음을 넣고, 우지차(고급 말차)로 색을 입힌 것.

히로시마 멜론빵 본점
メロンパン本店

멜론빵 본점의 명물은 단연 멜론빵이다. 심지어 가게 건물부터 판매 직원의 앞치마와 삼각형 두건까지 전부 산뜻한 멜론색이다. 구레시를 비롯해 히로시마 일부 지역에서는 다른 지역에서 멜론빵이라 부르는 그물 무늬의 달콤한 원형 과자빵을 콧페빵이라 부르고, 빵 속에 커스터드크림이 듬뿍 든 참외 모양의 빵을 멜론빵이라 부르는데, 이 빵집이 대표적이다. 단팥빵 속도 꽉 차 있어 손에 들면 묵직하며, 한 개만 먹어도 든든하다. 이 빵들은 1936년 개업 당시부터 만들어지고 있는데, 단 음식을 구하기 어려운 시절이었으므로 빵 역시 귀한 대접을 받았을 것이다. 여기에 소개하지 않은 빵 이외에도 매력 있는 빵이 즐비하다. 창업자의 출신지에서 이름을 딴 '무로란 식빵'도 있다.

콧페빵과 버터크림의 조합
구레시 공인 캐릭터와
컬래버레이션

간토 지역에서는
멜론빵이라 불리는 콧페빵

스트로베리 나나짱

홋카이도산
팥으로 만든
통팥앙금이 꽉꽉

추리소설 주인공의 이름을 붙인 빵으로,
속에 초콜릿을 넣었다

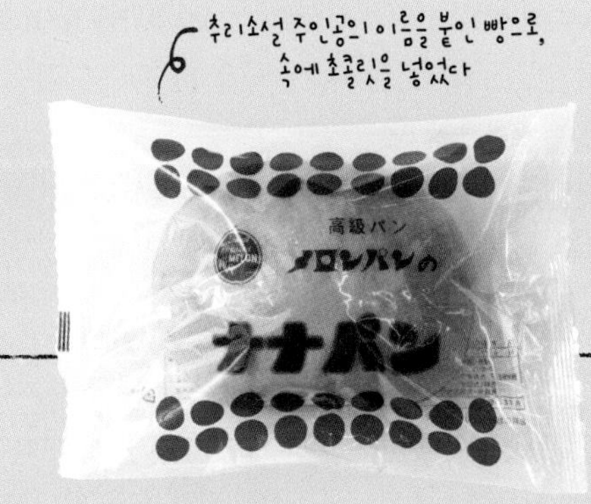

기무라야 제빵

시마네

木村家製パン

1948년에 개업한 빵 공장으로, 주로 슈퍼나 농산물 직판장에서 빵을 판매한다. 가늘고 길게 구운 빵에 버터크림을 바른 뒤, 돌돌 말아 장미 모양으로 만드는 'ROSE빵'. 빵 자체도 빵 봉지의 디자인도 아름답다는 평을 받는다. 딸기우유 맛과 커피 맛도 있다. 식빵에 마가린을 바르고 그래뉼러당을 뿌린 '네오토스트'도 인기다. 봉지에 귀여운 토끼 일러스트가 그려져 있다.

소게쓰도 제빵

야마구치

松月堂製パン

1934년에 문을 열었으며, 우리나라의 신토불이에 해당하는 지산지소(地産地消)를 중시한다. 고운 팥앙금이 든 연분홍색 찐빵 '사쿠랏코'는 1965년 무렵, 벚꽃이 피는 봄에 판매를 시작했기 때문에 빵을 분홍색으로 물들였다고 한다. 1957년에 고안한 '땅콩빵'은 초기에는 지금보다 크기가 두 배 정도 컸고 '조리(일본의 전통 짚신)빵'이라는 이름으로 불렸다. 반죽 두 가닥을 꼬아 구워내는 '우유빵'은 영양 있는 빵을 만들자는 생각으로 1960년에 제조하기 시작했는데, 처음에는 연유를 넣었다고 한다.

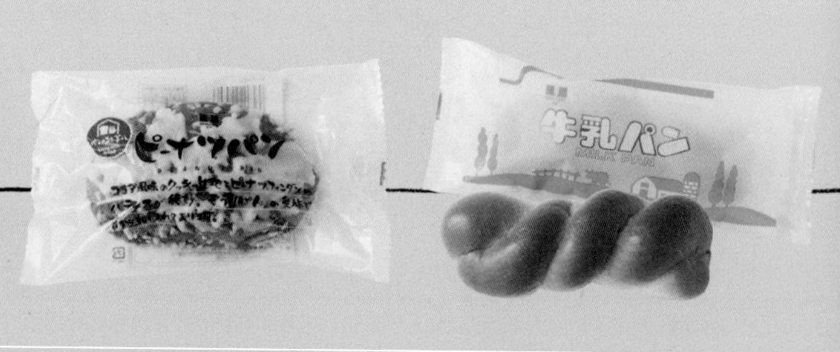

원래 도쿄에 숯을 판매하는 일을 하다가 빵집으로 전업했다. 1923년 관동 대지진이 계기였다. 다이쇼시대에 문을 연 노포답게 그윽한 분위기를 간직한 빵이 가득하다. 현지 학교에서 판매했었다고 하는데, 옛 친구를 다시 만난 듯한 반가움과 그리운 감정이 솟아오른다. 콧페빵 사이에 설탕에 절인 버찌가 든 버터크림을 넣은 '와레빵', 쫄깃한 빵에 마요네즈를 얹어 구운 '베이비로프', 콧페빵과 요거트크림을 조합한 '요구르빵'까지 빵을 씹을수록 달콤하면서도 애틋한 사춘기의 왕성한 식욕이 되살아난다.

시마네

스기모토빵

杉本パン

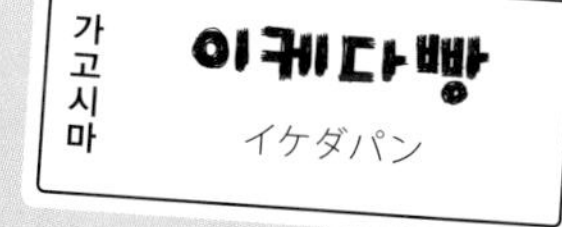

1948년 창업자가 철도회사에 근무하면서 제분 · 제면업을 시작했고, 1953년부터는 제과 · 제빵 사업에 전념했다. 인기 있는 '킹초코'는 공장 아르바이트 직원이 크림이 든 빵을 녹인 초콜릿에 찍어 먹어본 뒤 그 맛이 좋아서, 이 아이디어를 바탕으로 탄생한 빵이다. 이밖에도 '래빗빵'(p.155)과 '신콤3호'(p.131) 등, 특이한 빵이 많다.

※ 신콤3호: 1964년 미국에서 발사한 세계 최초의 정지 궤도 위성.

서일본(주로 규슈) 출신 사람들에게 1974년 출시된 '맨해튼'을 이야기하면 동아리 활동을 마치고 찾아오는 허기를 이 빵으로 달랬다거나, 학원에서 집으로 돌아가던 때가 떠오른다는 등, 하나같이 청춘 시절의 아련한 추억을 이야기한다.

료유빵은 1950년 사가현 가라쓰시에서 문을 열었다. '구운 사과'는 1962년, '은초코'는 1966년부터 한창 먹을 시기인 청소년들의 배를 든든하게 채워주었다. 고향을 떠나 타지에서 생활하는 성인이 료유빵의 빵을 만나면, 마치 옛 친구를 재회한 듯한 애틋하고 그리운 표정을 짓는다. 제빵사가 꿈인 사랑스러운 여자아이 캐릭터 '료짱'은 굿즈 등으로도 판매되고 있다.

오키나와를 여행하던 중, 슈퍼와 편의점에서 따뜻하고 부드러운 존재감을 뽐내는 빵을 발견했다. 바로 코코아 반죽에 버터크림을 넣은 '나카요시(사이좋게)빵'이다. 이름처럼 가족이나 친구, 동아리 부원끼리 사이좋게 나눠 먹을 수 있을 정도로 큼직하고 묵직한 베개 모양이다. 1951년 창업자인 구시켄 슈이치가 미군기지 내의 베이커리에서 일하며 갈고닦은 실력을 발휘해, 미군용 야전 가마를 사용해 제과점을 연 것이 구시켄의 시작이다. 초기에는 자전거로 빵을 배달했으며 빵 부문을 점점 확대했다. 한창 자라는 오키나와 아이들의 배를 든든하게 채워온 이곳 빵은 슈퍼나 편의점에서 구입할 수 있다. 개구리 캐릭터의 이름은 '슈이치 군'으로 창업자 이름을 따서 지었다. 일본에서는 개구리가 무사귀환과 같은 좋은 기운을 가져온다고 믿는다.

아이들의 건강을
기원하며 이름 지은
소프트 식빵 '건강빵'

알갱이가 씹히는
땅콩크림이 들었다

폭신폭신한 빵을 채운
초콜릿크림

빵빵한 로고 모음.zip ❶

매력 있는 빵집과 빵은 로고 역시 매력적이다. 빵집의 개성과 역사를 엿볼 수 있는 소박한 디자인이 사랑스럽다.

(로고나 그림 일부만 실은 것도 있음)

▲ 나가노아사히도 본점

▶ 시로바라베이커리

Danish Roll
デンマークロール

▲ 다카키베이커리

YAJIMA
PAN
牛乳パン

▲ 야지마제빵

バターロール
まるや

▼ 마루야

▲ 다카마쓰빵

カブト

▲ 스페인화덕 빵노카부토

▶ 올림픽빵집

▶ 오야마지점

▼ 료코쿠

◀ 아시아제빵소

◀ 베이커리돈구

★ いつもみんなが食べている

栄養パン

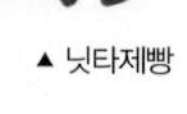

▲ 닛타제빵

パン・欧風菓子

リバテイ

▼ 리버티

▼ 니시무라빵

なつかしいおいしさ
ミックス
フルーツ
カギセイ

▶ 빵공방카기세이

▼ 구시켄

▼ 요시나가제빵소

Report

현지 빵 기행

– 고후 편 –

열차나 차를 타면 도쿄에서
2시간도 채 걸리지 않는
야마나시현 고후시로 빵 여행을 떠났다.
그곳에는 그리운 맛과 풍경이
기다리고 있었다.

내가 태어난 고향, 후지산 기슭에 자리한 시즈오카현 후지노미야시는 야마나시현과 인접해 있다. 어릴 적 에는 휴일이면 가족과 함께 자주 야마나시에 가곤 했고, 고등학교 시절에는 다른 현에서 통학하는 친구들도 많았다. 지금도 몇몇 친구들은 여전히 야마나시에 살고 있다.

'미노리 너는 역사와 정취를 간직한 현지 빵집을 좋아하잖아.' 어느 날 친구가 메시지와 함께 고후시(야마나시현청 소재지) 주변 빵집 목록을 보내주었다. 그렇게 떠난 빵 여행에서는 옛 정취와 추억의 맛을 간직한 빵집과 빵을 만날 수 있었다.

고후역에서 차로 10분 남짓 달리면,주택가 사이에서 존재감이 돋보이는 빵집, '준짱빵'이 나타난다.

준짱빵

ずんちゃんパン

위 마요네즈빵에 가쓰오부시 맛이 나는, 채를 썬 단무지를 채운 '단무지'가 대표 상품.
오른쪽 아래 'UFO우유'는 번에 휘핑크림을 넣은 빵. '햄가쓰'도 인기.
왼쪽 아래 손글씨 POP도 독특하다.

배를 든든하게 채워주는 소자이빵이 가득.

한 번 들으면 잊을 수 없는 이름인 '준짱빵'. 1963년 선대가 자신의 가게를 열기 전 제빵 기술을 배우던 시절에 불렸던 애칭인 '준짱'을 그대로 가게 이름으로 지었다고 한다. 건물 외벽에 걸린 간판의 독특한 안내문 덕에 지금은 고후 지역의 레트로 스폿으로도 인기를 끌고 있다.

매일 자정부터 준비해 만드는 소자이빵을 비롯해 고후 시민들이 믿고 찾는 맛을 구워낸다. 폭신폭신하게 구워낸 콧페빵 사이에 크로켓과 닭가슴살 프라이, 달걀 샐러드를 넣은 샌드빵은 수십 년째 직접 와서 사 먹는 단골이 많다. 현재는 선대인 부친과 같은 가게에서 제빵 기술을 배운 2대 아들과 '엄마'로 불리며 사랑받는 선대의 부인이 약 30가지 빵 맛을 지키고 있다.

야마나시현에서 처음으로 이스트를 사용한 노포.

일본의 빵 역사를 이야기할 때 빼놓을 수 없는 인물이 있다. 미국에서 빵 만드는 법을 배워 일본에서 이스트를 확산시킨 고슈시 출신의 '다나베 겐페이'다. 그가 파견한 제빵사로부터 기술을 배워 야마나시현에서도 이스트를 사용한 빵 전문점이 생긴다. 바로 1921년 문을 연 '마루주야마나시제빵점'이다. 당시에는 콧페빵과 식빵을 중심으로 단팥빵, 잼빵, 크림빵 등 아마쇼쿠(단 빵과 식빵의 중간 맛인 원추형 빵) 등이 매장에 진열되었다. 참고로 다나베로부터 제빵을 배운 제빵사는 '마루주'가 들어간 이름의 가게를 운영하며 '전일본 마루주빵 상공업협동조합'에 소속된다.

이곳에서 가장 인기 제품이자 고후시민들의 소울 푸드로 사랑받는 '레몬빵'은 1935년 무렵부터 이어져 내려오는 맛을 간직하고 있다. 쿠키 반죽을 얹어 구운 반원형 빵이 레몬 모양과 닮아 이러한 이름이 붙었다고 한다.

마루주야마나시제빵 본점

丸十山梨製パン本店

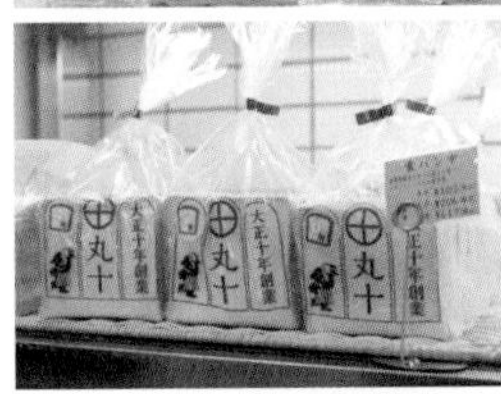

위 가장 인기 제품인 '레몬빵'과 마가린을 넣은 '레몬빵즈키'는 고후 지역의 소울 푸드.
왼쪽 아래 직접 만든 효모를 사용해 만든 식빵.

위 가게는 고후역에서 도보로 5분 남짓. 벽에 그려진 캐릭터는 '그레이엄 아저씨'로 불린다.
왼쪽 아래 홍보 티셔츠를 직접 만들어 입은 4대 점주.

학교 급식 빵으로 사랑받는 그리운 빵 맛.

고쿠보도리라고 불리는 현도(県道)를 따라 자리한 빵집으로, 1949년부터 3대째 이어 내려오고 있다. 우체국 직원이었던 초대 점주가 큰 결심을 하고 개업했다. 초기에는 리어카에 빵을 싣고 돌아다니며 팔았다고 한다. 지금은 40개가 넘는 학교에 급식용 빵을 납품하며 매점에서도 판매할 정도로 성장했다. 현내 각지에서 사람들이 모여드는 빵집이다. 이들은 옛날에 먹던 추억의 맛을 찾아 80여 가지의 빵이 즐비한 빵 공장 앞 점포까지 매일 찾아온다. 빵과 함께 야마나시현의 우유 브랜드인 '다케다우유'를 곁들이는 사람도 많다.

간 사과나 포도를 충분히 발효시켜 만든 천연 효모를 사용하며, 누구나 안심하고 먹을 수 있도록 무첨가 빵을 제조한다. 가장 인기 있는 빵은 야마나시산 포도가 알알이 박힌 '포도빵'이다.

르비앙후지

ルビアン不二

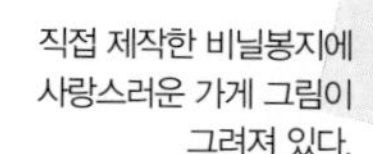

직접 제작한 비닐봉지에 사랑스러운 가게 그림이 그려져 있다.

왼쪽 위 빵 종류는 80개가 넘는다.
오른쪽 위 현도를 따라 자리한 빵집으로 아침 8시부터 영업한다. 가게 바로 뒤에 공장이 있어 갓 구운 빵이 진열된다.
오른쪽 아래 '거북이빵'은 초콜릿크림이, '꽃게빵'은 커스터드크림이 들었다.

위 달걀, 햄, 샐러드 등 여러 가지 맛을 즐길 수 있는 '샌드위치'와 '바나나와 생크림샌드', '콩고물튀김빵', 현지 우유인 다케다우유도 구입했다.
왼쪽 아래 'UFO빵'에는 생크림이 들었다.
오른쪽 아래 옛날 맛 그대로의 '아마쇼쿠'는 라벨 디자인도 멋지다.

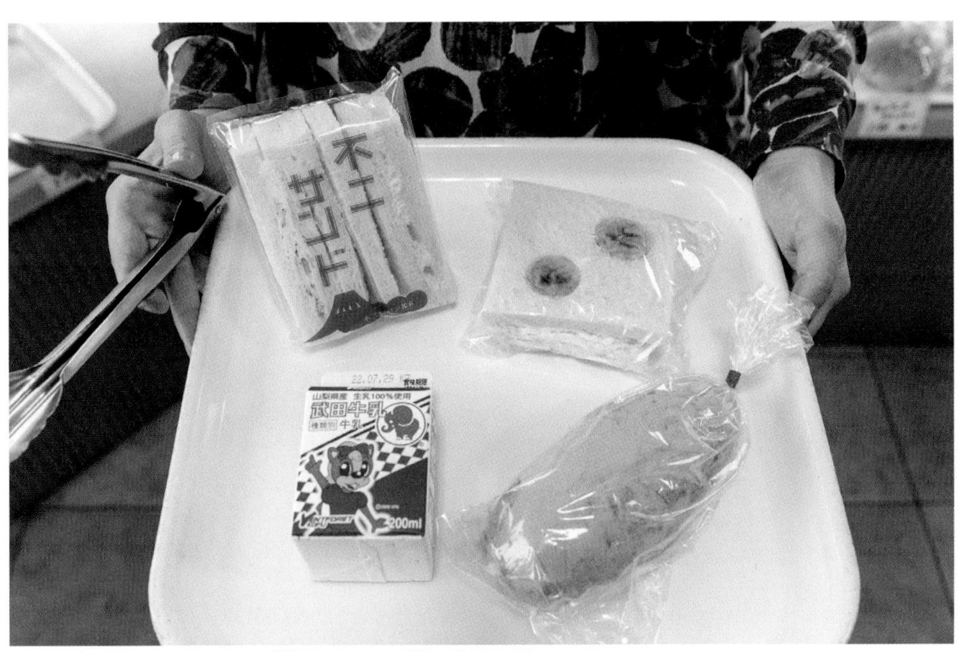

마루야
まるや

위 종이 봉투에는 '신주쿠나카무라야 특약점'이라는 글자가 새겨져 있다. 나카무라야의 과자도 판매한다.
왼쪽 아래 선물용으로도 많이 찾는 '파운드케이크'. 가벼운 식감의 반죽 속에 건포도 등의 과일이 들었다.
오른쪽 아래 일부 봉투에는 직접 디자인한 스탬프를 찍었다. 점주 가족을 모티프로 그린 사랑스러운 일러스트 스탬프이다.

과일 거리에서 3대째 맥을 이어 온 빵집.

고후로 향하기 전, JR주오 본선의 엔잔역에서 도보로 5분 남짓한 거리에 있는 빵과 화과자 · 양과자를 판매하는 '마루야'에 들렀다. 이 지역은 자연의 식재료가 풍부해 과수원이나 포도주 양조장이 여기저기에 많다. 마루야는 이곳에서 1936년부터 3대에 걸쳐 명맥을 이어 왔다.

옛날에는 '모리나가 엔젤스토어(모리나가제과의 과자, 모리나가유업의 음료 등을 취급하는 판매점)'로 당시에는 귀했던 콜라와 페즈(윗부분에 캐릭터가 달린 사탕)도 판매했다. 큼직한 유리 진열장이 두 개 놓여 있다. 진열장 하나에는 소박한 느낌을 풍기는 옛날 그대로의 갓 구운 빵을, 다른 하나에는 레몬 케이크와 파운드 케이크 등 구운 과자를 진열했다.

지역 유치원에서는 간식으로 버터롤이나 단팥빵을 많이 찾는다. 손에 용돈을 꼭 쥐고 빵이나 도넛을 사러 오던 아이들이 이제는 부모가 되어, 가족과 함께 빵을 사러 오는 풍경도 만날 수 있다.

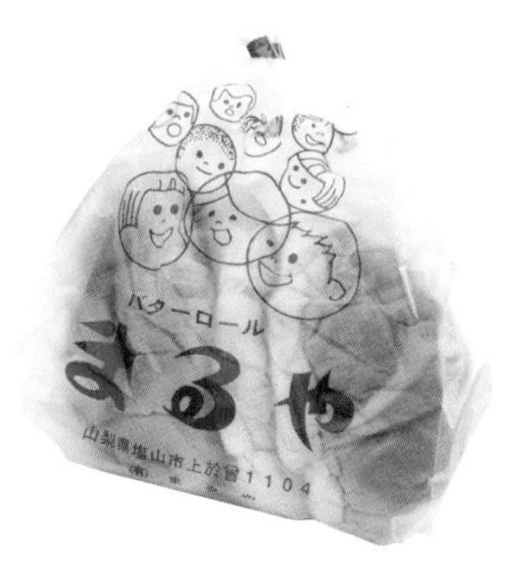

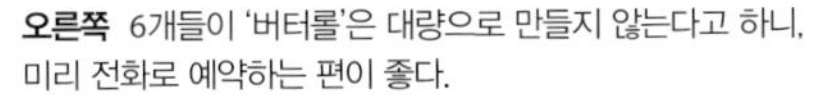

오른쪽 6개들이 '버터롤'은 대량으로 만들지 않는다고 하니, 미리 전화로 예약하는 편이 좋다.
왼쪽 위 바삭한 식감의 '달걀빵'은 옛날 제조법을 고수하고 있다. 5개들이 '앙도넛' 속에는 특제 백앙금이 채워져 있다. 한 개만 먹어도 배가 든든하다.
아래 유리 진열장 위에 늘어선 식빵과 콧페빵도 지역 사람들의 식탁에서 빼놓을 수 없는 메뉴이다.

※ 제품 가격은 촬영 당시의 기록이다.

고슈시 엔잔역 앞 거리에 자리한 '마루야'. 1999년에 다시 세운 점포라고 한다.

여행지에서 사 온 빵

여행지에서 산 다양한 맛의 빵과 포장지를 모아놓고
기념사진을 찍을 때 더없는 행복을 느낀다. 이 행복을 나누어 본다.

오타베이커리 / 가고시마현

왼쪽 트위스트도넛, **가운데 위** 콧페빵, **가운데** 커피샌드, **가운데 아래** 삼각카스텔라샌드, **오른쪽 위** 패밀리식빵, **오른쪽 가운데** 베이비카스텔라빵, **오른쪽 아래** 럼레이즌샌드.

유치원부터 대학생 시절까지 급식과 매점에서 줄곧 이곳 빵을 먹고 자랐다는 손님도 있다고 한다.

1953년 개업한 오타베이커리는 가고시마를 대표하는 빵집이다. 공장의 빵집을 비롯해 가고시마와 미야자키 지역의 슈퍼, 생협, 병원, 학교 등에서 빵을 판매한다. 공장에서는 매일 아침 9시가 되면 1966년 무렵의 CM송이 흘러나온다고 한다. 가고시마의 한 슈퍼에서 '트위스트도넛'을 처음 맛본 이후, 추억을 자극하면서도 독창적인 맛을 지닌 이곳 빵에 매료되었다. 트위스트도넛은 반죽을 비틀어 튀긴 도넛에 땅콩 초콜릿을 코팅한 빵이다.

바삭하게 튀긴 식빵과 전용 고운 단팥을 조합한 '앙프라이'.

왼쪽 이탈리안빵, **가운데 첫 번째** 잼빵, **가운데 두 번째** 땅콩빵, **가운데 세 번째** 딸기롤, **가운데 네 번째** 초콜릿 롤, **가운데 다섯 번째** 버터크림 롤, **오른쪽 위** 슈빵, **오른쪽 가운데** 파필로, **오른쪽 아래** 오구라단팥빵.

오른쪽의 패밀리 식빵과 스트롱브레드는 아침용으로 인기다.

나라현에 위치한 마루쓰베이커리는 '앞으로는 빵의 시대'라며 앞날을 내다본 선대가 1948년에 개업한 빵집이다. 개업 당시부터 70년 동안 꾸준히 사랑받는 '파필로'는 흰 소용돌이 모양의 빵에 버터크림과 비슷한 우유 풍미의 크림을 넣은 제품으로, 크림 상품명에서 이름을 따서 지었다. 현지에서는 제사나 불전에 올리는 음식으로 과자가 아닌 빵을 주문하는 사람도 많을 정도로 사랑받는 존재다.

빵, 야키소바(면), 밥, 세 가지 탄수화물이 한데 들어간 소바메시롤.

1946년 효고현에서 문을 연 밧코샤하라다는 지역 학교에 급식용 빵을 납품해왔기에 고베 출신 사람들에게는 '하라다의 빵', '하라다빵'으로 불리며 사랑받고 있다. 고베는 럭비공 모양 멜론빵의 발상지이다. 백앙금이 든 '고베 멜론빵', 말차 앙금과 밤 알갱이가 들어간 '고베 말차 멜론빵', 그리고 빵 표면을 바삭한 비스킷 반죽으로 덮은 '선라이즈'와 같은 다양한 멜론빵이 인기다. '선라이즈'는 간사이 지역에서 멜론빵에 사용하는 독특한 호칭이기도 하다.

네 장으로 자른 식빵인 '조쇼쿠'. 두툼하게 썬 것이 간사이 지역 식빵답다.

*조쇼쿠: 생크림이나 연유 등을 넣어 깊은 맛을 내는 등 배합을 달리해 만든 식빵.

왼쪽 소바메시롤, **가운데 위** 소 힘줄 봇카케빵, **가운데** 셔벗크림, **가운데 아래** 고베의 말차멜론빵, **오른쪽 위** 고베의 멜론빵, **오른쪽 아래** 선라이즈.

*소바메시:메밀국수를 잘게 잘라 밥과 함께 철판에서 볶은 요리.

*봇카케: 소의 힘줄과 곤약을 간장 등으로 달콤짭짤하게 조린 음식.

왼쪽 위 바나나 롤, **왼쪽 가운데** 버터크림롤, **왼쪽 아래** 밀티, **오른쪽 위** 3개들이 단팥빵, **오른쪽 가운데** 홈빵, **오른쪽 아래** 멜론빵.

내가 감수를 맡은 와카야마현 다나베시의 관광 안내 책자에서도 인근 지역에서 제조하지만 현지에서 친숙한 맛이라고 소개하고 있다.

무로이제빵소 / 와카야마현

무로이제빵소는 1954년 일본의 대표적인 매실 산지인 와카야마현 미나베초에서 문을 열었다. 현지 매실 농가 사람들의 이야기에 따르면, 성수기에는 과자빵을 잔뜩 사와 휴식 시간에 함께 맛본다고 한다. 공장에 병설된 직판장에서 판매할뿐 아니라 슈퍼에 도매로도 판매한다. 매장에서 판매하는 빵 가격은 대부분 100엔 대다. 창업 당시에는 빵 하나당 10엔에 팔았다고 한다.

누룩이 오징어의 감칠맛을 끌어내고 빵과 감자가 젓갈의 짠맛을 알맞게 감싸주어 균형을 이룬다. 술과도 찰떡궁합이다.

뉴후루카와 / 이시카와현

위 빵 가운데에 노토 지역의 달걀로 만든 카스텔라를 넣은 웨하스, **왼쪽 가운데** 감자와 젓갈이 들어간 젓갈빵, **왼쪽 아래** 표면은 바삭한 쿠키 반죽, 속에는 커스터드 크림이 듬뿍 들어간 UFO, **오른쪽 가운데** 밤앙금이 든 멜론빵, **오른쪽 아래** 강낭콩이 알알이 박힌 가장 인기 있는 제품인 콩빵.

시카와현에 자리한 뉴후루카와는 1980년대에 문을 열었다. 사장 부부가 스즈시에서 와지마로 거처를 옮겨 개업했다. 어느 날, 기후 출신인 사위가 아침 시장에 갔다가 현지 아주머니들이 직접 담근 누룩 절임 오징어 젓갈이 주는 소박하면서도 깊은 맛에 감탄했고, 이를 계기로 부부는 감자와 젓갈을 쫄깃한 반죽으로 감싼 젓갈빵을 탄생시켰다. 지금은 와지마 아침 시장의 명물로 알려져 있다. 와지마 아침 시장에 출점한 매장을 비롯한 일반 매장에서 구입할 수 있다.

Column ❶

여행지에서 만난 빵

빵에 얽힌 여행의 기록.
여행하는 동안 우연히 만난 빵도 있는가 하면,
그 빵을 먹어 보고 싶다는 마음 하나로
향한 지역도 있다.

여행지에서 비즈니스호텔에 묵을 때는 대부분 잠만 자는 곳을 고른다. 현지 빵을 탐방하기 위해서다. 다음날 아침에는 전날 사둔 빵을 먹을 때도 있고, 조금 이른 시각에 맞춰 둔 알람 소리를 듣고 일어나 잠이 덜 깬 눈을 비비며 조식으로 먹을 빵을 사러 산책 나가기도 한다. 때로는 자전거를 빌려 힘껏 패달을 밟기도 한다.

모두 야마나시 · 후지요시다시에 자리한 '가야누마 제빵'의 사진. 도매를 주로 취급하는 공장 한쪽에서 '식빵 모음'도 판매한다. 주문이 들어오면 식빵을 자른 다음 잼이나 크림을 발라 완성.

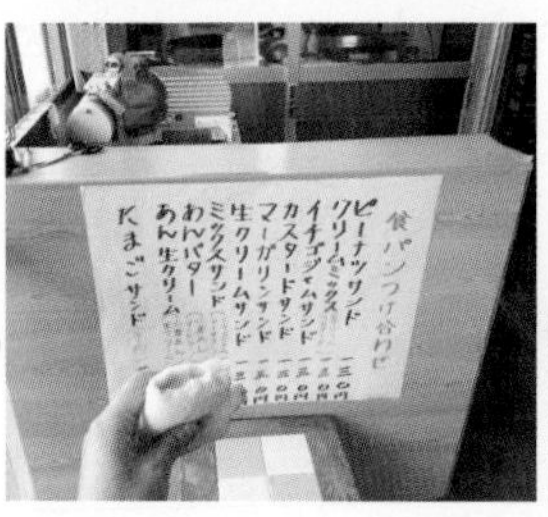

그곳의 맛으로 구성된 식사를 하루의 첫 끼로 먹으면 여행지와 한층 가까운 사이가 된 듯한 기분이 든다.

빵 전문점부터 제과점, 찻집, 슈퍼, 편의점, 역 매점,미치노에키까지. 현지 빵은 언제 눈앞에 나타날지 모르기에 긴장을 늦출 수 없다. 빵을 만났을 때도 머뭇거리고 있다가는 금세 다른 사람이 사 가고 만다. 빵과 빵집을 보며 "예쁘다." "와, 세련됐다." "매력적이다." "맛있겠다." 하고 무심코 중얼거리게 된다.

아직도 가 보고 싶은 지역과 언젠가 먹어 보고 싶은 맛은 한없이 많다. 더욱이 내 취향에 맞는 빵을 만났던 기억은 다시 그곳을 찾아가고 싶다는 마음을 불러일으킨다. 그러므로 나의 빵 여행은 배고픔을 채우기 위한 것이 아니라, 그 고장과 사람들, 그 시대를 더욱 좋아하기 위한 여정이기도 하다.

방문 시기가 다르고 현재는 상황이 바뀐 곳도 있으므로 각 매장에 문의는 삼가 주시기 바랍니다.(p.58~61, 141, 144~146, 224~228)

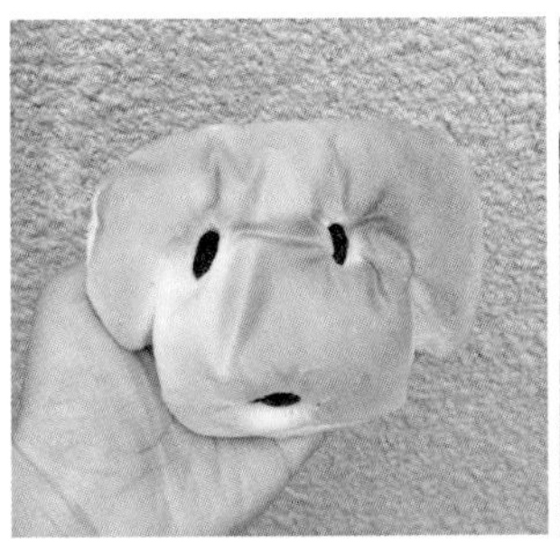

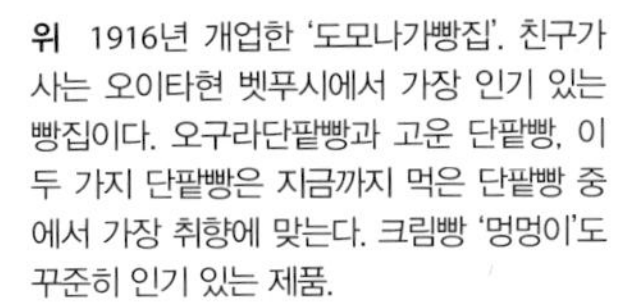

위 1916년 개업한 '도모나가빵집'. 친구가 사는 오이타현 벳푸시에서 가장 인기 있는 빵집이다. 오구라단팥빵과 고운 단팥빵, 이 두 가지 단팥빵은 지금까지 먹은 단팥빵 중에서 가장 취향에 맞는다. 크림빵 '멍멍이'도 꾸준히 인기 있는 제품.

오른쪽 위 '고토부키야'의 포도빵. 히메지의 슈퍼에서 구입했다. 1960년 무렵부터 만들고 있다고 한다.
오른쪽 아래 돗토리현 사카이미나토시 '하쿠운켄'의 포도빵. 일본의 유명 만화가 미즈키 시게루가 즐겨 먹던 것으로도 유명하다. 슈퍼에서 구입했다.
아래 메이지시대에 아이치현 도요하시시에 문을 연 '곤도빵'. 인근 고등학교와 대학교 학생들에게도 사랑받는다. 레몬빵, 샌드위치, 주오우유를 구입했다.

왼쪽 '저 빵을 먹어 보고 싶다. 그래, 여행을 떠나자.'라는 생각이 들었을 때 옷에 달고 나가는 빵 브로치. 빵집에서 "어머 참 귀엽네요."라고 반응해 주어 대화의 계기가 된 적도 있었다.

오른쪽 도쿄도 스미다구 기라키라타치바나상점가에 자리한 콧페빵 전문점 '하토야'. 1912년에 개업했다. 지금도 다이쇼시대에 만든 가스 화덕을 사용해 빵을 굽는다. 빵을 주문하면 잼과 땅콩크림을 발라 준다.

※칼럼 '나와 빵과 여행'①~⑤는 저자가 실제 여행지에서 방문해 맛본 빵과 가게의 모습을 남긴 당시 기록을 바탕으로 작성한 취재기입니다.

기후현 다카야마시에서 60년 넘게 명맥을 이어 온 '고마야빵'. 히다우유와 현지 달걀로 만드는 커스터드크림이 꽉 찬 '밀크볼'을 매우 좋아한다. 현지에서 사랑받는 '히다커피'와 곁들어 먹으면 더없이 행복하다.

야쿠시마섬을 여행할 때의 일이다. 현지 주민들이 이 섬에는 빵집이 거의 없어서 빵이 먹고 싶을 때는 이곳에서 구입한다며 '히라미제과'를 알려주었다. 화과자와 양과자, 식빵, 과자빵이 사이좋게 진열되어 있었다.

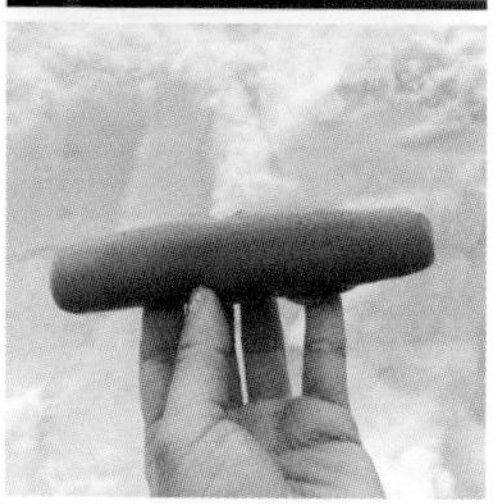

니가타현 가에쓰 지역의 포장마차에서 쉽게 볼 수 있는 '폿포야키'. 전용 구이 기계에서 증기가 나와 '증기빵'이라고도 불린다. 재료는 박력분, 흑설탕, 탄산, 명반, 물. 쫄깃하고 달콤한 맛을 내는 소박한 간식이다.

야마가타현 사카타시를 여행할 때 돌아가는 열차 안에서 먹은, 1902년에 개업한 '사카타키무라야'의 런치빵. 폭신폭신한 콧페빵으로, 노란색 봉지에는 민스 커틀릿이, 초록색 봉지에는 감자 샐러드가 들었다. 이밖에 땅콩크림 맛도 있다.

고베를 여행하다 신칸센을 타기 전에는 꼭 '프로인드리브'에 들러 빵이나 버터, 구운 과자를 사서 돌아간다. 독일인 창업자와 그의 일본인 아내는 1977년에 방영된 NHK 연속 TV소설 '풍향계' 속 주인공의 모델로 알려져 있다.

오다와라역 앞 '모리야제빵'에서 단팥빵, 잼빵, 아마쇼쿠를 사서 '오다와라문학관' 정원에서 맛을 보았다. 아마쇼쿠에는 땅콩크림을 발라준다.

스미다구 무코지마에서 유난히 호화로운 찻집 '가도'에는 여행하는 듯한 마음으로 향했다. 주인이 굽는 호두빵이 명물이며, 일본의 소설가 시가 나오야의 남동생이자 건축가인 시가 나오미쓰가 설계했다.

후쿠오카를 대표하는 현지 빵이라면 '료유빵'의 '맨해튼'이 있다. 출시 40년 기념으로 만든 한정판 냅킨도 빵 여행의 친구다.

일 년에 한 번은 방문하는 아타미. 현도 103호선을 지날 때마다 '빵과 케이크'라고 적힌 개성 있는 간판에 눈이 간다. 가게 이름은 '미노야'. 진열장 안에 피자빵, 샐러드빵, 도넛 등 소박하고 추억을 불러일으키는 모양의 빵이 늘어서 있다.

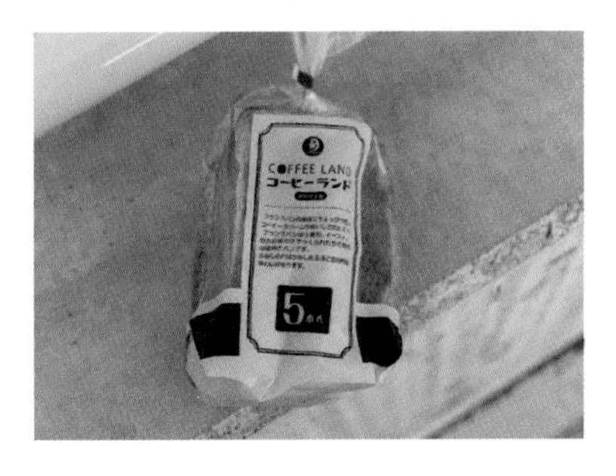

1855년 오사카 기시와다시에서 화과자점으로 출발한 '에이게쓰도'. 짭짤한 프랑스빵 사이에 은은한 단맛의 커피크림을 넣은 '커피랜드'는 휴게소나 산지 직거래 등에서도 판매해 인기가 많다.

오른쪽 후쿠오카현 오구라를 방문했을 때, '시로야'의 진열장을 가득 채운 서양과자와 빵을 보고 감격했다. 1개에 50엔 이내, 100엔 이내의 빵과 과자가 셀 수 없이 많다. 아이들도 간식을 사러 오고는 한다.

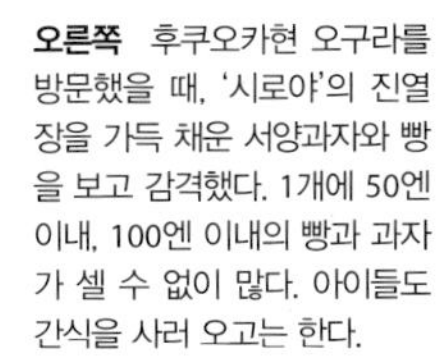

トングウの
バナナロール

▲ 베이커리돈구

▲ 판넬

빵빵한 로고 모음.zip ❷

매력 있는 빵집과 빵은 로고 역시 매력적이다. 빵집의 개성과 역사를 엿볼 수 있는 소박한 디자인이 사랑스럽다.

(로고나 그림 일부만 실은 것도 있음)

◀ 마루킨제빵공장

▲ 시미즈야빵집

▲ 사노야제빵

◀ 다이호빵집

▼ 쓰루야빵

◀ 사사키빵

▶ 가네마루빵집

▶ 만코도

万幸堂

▲ 베이커리돈구

▲ 니콜라스세이요도

▼ 오쿠무라베이커리

OKUMURA
BAKERY

◀ 멜론빵 본점

▶ 스기모토빵

▶ 이케다빵

제2장

종류별 현지 빵 도감

저마다의 유래를 품고 각양각색의 맛, 모양을 자랑하는 현지 빵들. 이번에는 전국을 돌며 모은 다양한 빵을 종류별로 소개한다.

단팥빵

위

특제 단팥빵, 고운 단팥빵

나카무라야/지바

1919년 나카무라야 혼고점에서 독립해 개업했다. 다테야마에키마에점 1층에는 빵과 구운 과자가 늘어서 있고 2층은 카페다. 통팥 앙금이 꽉 찬 특제 단팥빵과 고운 팥앙금을 넣은 부드러운 단팥빵은 마치 케이크를 먹는 듯한 만족감을 준다.

왼쪽

구마구스단팥빵

라라로케일/와카야마

관광 안내지를 제작했던 것이 인연이 되어 종종 다나베시를 방문한다. 이곳 단팥빵은 일본의 생물학자 미나카타 구마구스가 살았던 지역의 새로운 명물이다. 밤 늦게까지 일할 때면 늘 단팥빵 6개를 준비했다는 그의 일화와 관련지어 고운 팥앙금, 주종, 기슈매실 등 여섯 가지 맛을 만들었다.

※ 현재는 잠시 생산 중단.

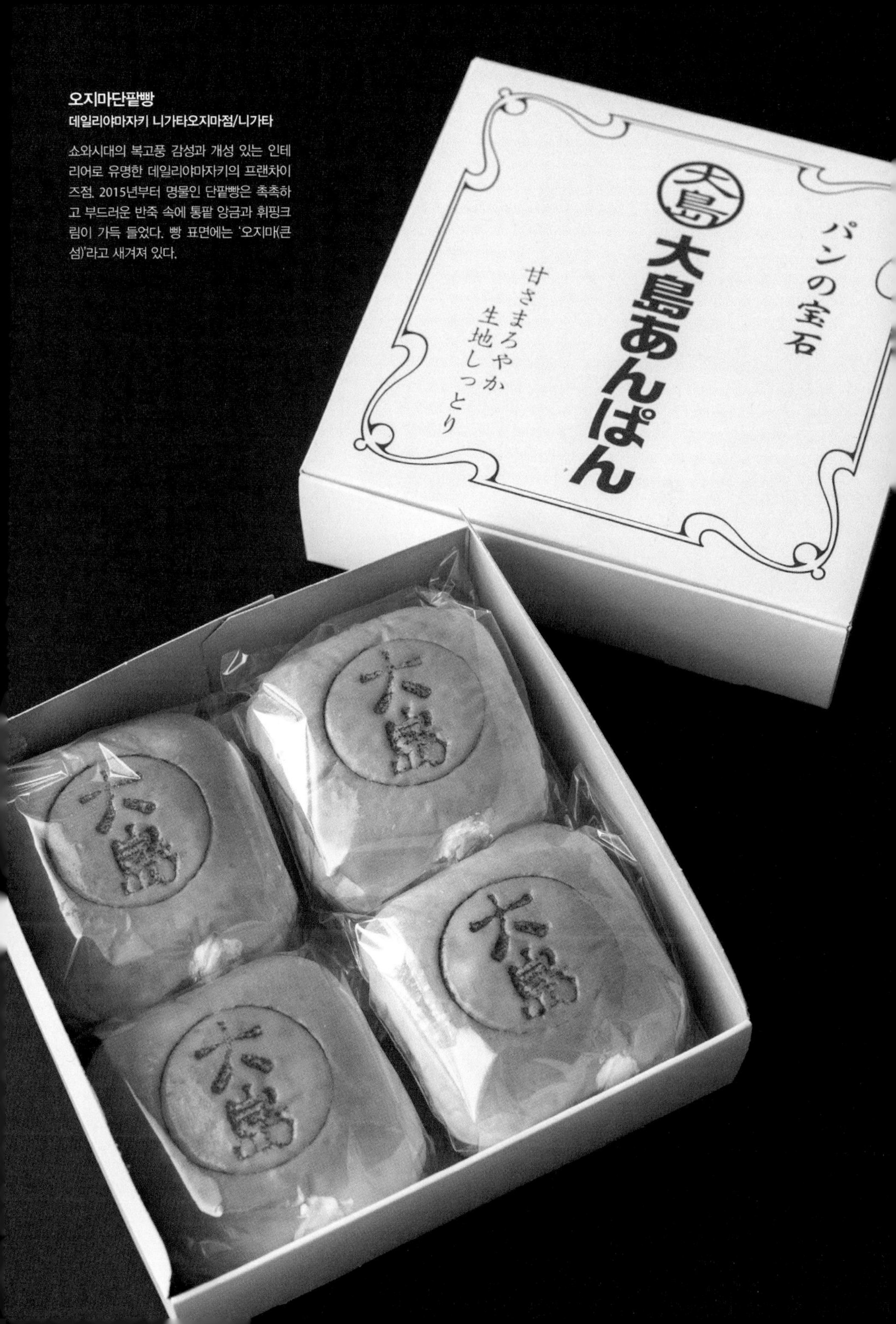

오지마단팥빵

데일리야마자키 니가타오지마점/니가타

쇼와시대의 복고풍 감성과 개성 있는 인테리어로 유명한 데일리야마자키의 프랜차이즈점. 2015년부터 명물인 단팥빵은 촉촉하고 부드러운 반죽 속에 통팥 앙금과 휘핑크림이 가득 들었다. 빵 표면에는 '오지마(큰 섬)'라고 새겨져 있다.

콧페빵앙버터

야마구치제과점/지바

1914년에 화과자점으로 출발한 노포의 70년 동안 꾸준히 사랑받는 롱 셀러다. 1945부터 가게의 얼굴인 천연 효모로 폭신하게 구운 콧페빵에 저트랜스지역산 마가린과, 홋카이도산 팥 100%로 직접 만든 통팥 앙금을 듬뿍 넣었다. 50엔을 추가하면 마가린을 버터로 바꿀 수도 있다.

위

단팥빵,
완두 앙금빵

다이에이켄제빵소/미에

1937년에 문을 열었다. 도카치산 팥을 듬뿍 채운 통단팥빵은 역대 가장 높은 인기를 끌고 있다. 완두콩 앙금을 사용한 완두 앙금빵과 빵 봉지 디자인은 초대 점주가 만들었다. DJ로도 활동하는 3대 점주가 옛 맛을 그대로 지키고 있다.

아래

다이후쿠단팥빵,
매실보조개

유럽빵 기무라야/후쿠이

1927년에 개업한 노포. 2대 점주의 친구 모친이 파리에 사는, 다이후쿠(찹쌀떡)를 좋아하는 아들에게 전해달라며 손수 만든 다이후쿠를 그에게 건넸다. 점주는 다이후쿠를 브리오슈 반죽으로 감싸 친구에게 전달했는데, 이것이 바로 '다이후쿠단팥빵'의 시작이다. '매실보조개'는 흑당 팥앙금을 브리오슈 반죽으로 감싸고 빵 가운데에 매실 페이스트를 토핑한 빵이다.

코코넛단팥빵

다쓰노제빵공장/나가노

직접 만든 통팥 앙금을 반죽으로 감싸고 화이트 초콜릿으로 코팅한 뒤, 빵 위에 코코넛 가루를 뿌렸다. 1958년 개업 시 다른 빵집에는 없는 빵을 만들자며 고안한 것으로, 꾸준히 인기를 누리는 롱 셀러다. 출시 당시부터 이 빵을 찾는 팬도 많다.

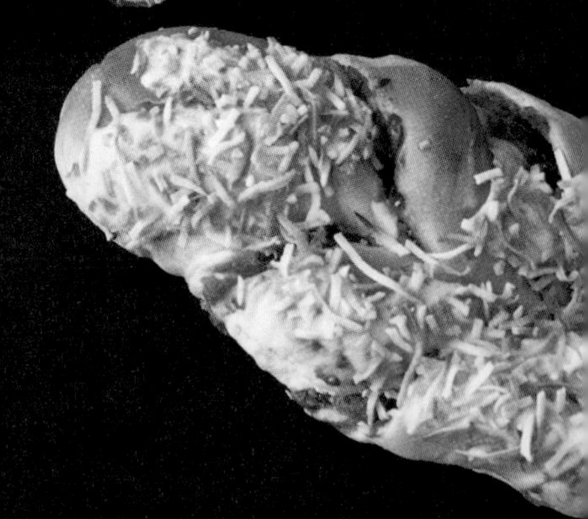

특선콩빵

로바빵/홋카이도

반죽에 홋카이도산 아마낫토(팥이나 콩 등에 설탕을 넣고 졸인 과자)를 넣은 빵. 홋카이도대학 교수와 학생에게 콩 조리는 방법을 배울 때, 조린 콩을 빵에 사용해보라는 조언을 듣고 1940년에 출시했다. 회사 이름은 1931년 개업 당시, 당나귀(로바)가 끄는 수레로 빵을 판매한 것에서 유래했다.

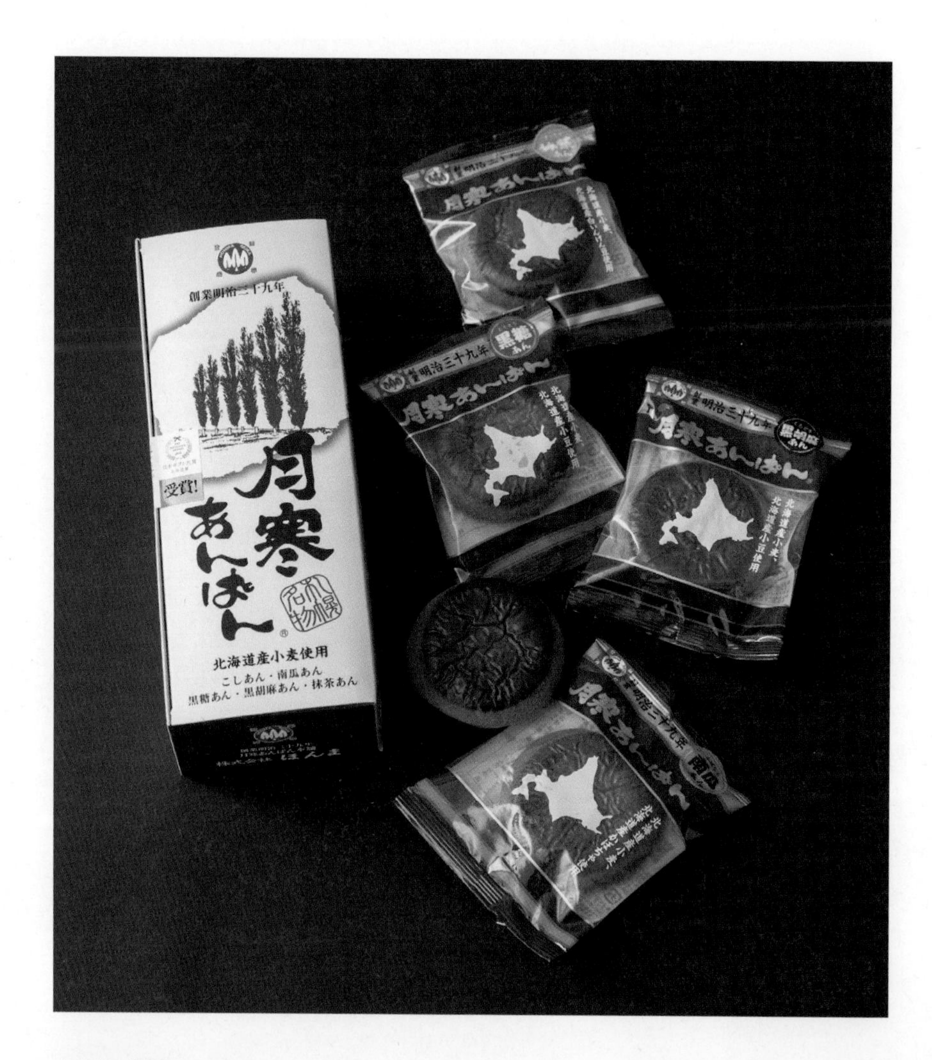

쓰키사무단팥빵

쓰키사무단팥빵혼포 혼마/홋카이도

홋카이도산 재료를 사용해 만든 월병풍 만주. 1906년 쓰키사무 지역에서 육군 연대장과 함께 당시 긴자에서 유행하던 단팥빵을 상상하며 만든 맛으로, 지금까지 이어져 오고 있다. 상미기간이 길어 보존식으로도 편리하다.

시즈야빵

SIZUYAPAN / 교토

1948년부터 이어지는 노포가 2012년 교토역에 오픈한 단팥빵 전문점. 오구라, 검은 콩 유자, 밤, 시나몬, 말차 오구라, 말차, 호박고구마, 유자, 진한 말차, 플레인 등 교토 특유의 앙금 종류를 다양하게 사용해서 선물용으로 인기다.

위

프랑스빵 바게트

세키구치프랑스빵/도쿄

1888년 프랑스인 선교사의 지도로 고이시카와세키구치교회 부속 성모불어학교제빵부로 문을 열었다. 일본에서 최초로 본격적인 프랑스빵을 만들었으며, 각국 대사관과 재류외국인, 일반 가정에서도 인기가 있었다.

가운데

원조크림빵

신주쿠나카무라야/도쿄

1901년 개업한 나카무라야. 3년 후, 창업자 부부가 슈크림에서 아이디어를 얻어 고안한 크림빵이다. 처음에는 둥글납작한 모양이었지만 나중에 글로브 모양으로 바뀌었다. 중화만주, 월병, 순(純) 인도식 커리도 출시했다.

아래

원조콧페빵

Bakery&Cafe 마루주 오야마본점/도쿄

일본에서 최초로 이스트를 사용한 빵 제조법을 개발한 인물은 1913년에 마루주제빵을 개업한 다나베 겐페이다. 식빵 배합으로 콧페빵을 만들어 군에 납품하는 한편, 폭신하고 맛있는 빵을 일반 가정에 보급했다.

원조빵

위

원조카레빵

카틀레아양과자점/도쿄

1877년 문을 연 '메이카도'가 전신. 양식 붐이 일었던 쇼와 초기, 당시 인기였던 카레라이스의 루를 빵 반죽으로 감싸 커틀릿처럼 튀김옷을 입혀 튀긴 것이 시작이다. 커틀릿 모양을 본떠 타원형으로 만들었다.

가운데

주종단팥빵 벚꽃

긴자키무라야/도쿄

1869년 초대 점주가 일본인 최초로 빵집을 개업했다. 1874년 술만주(반죽에 술을 넣은 만주)에서 아이디어를 얻어 고운 팥앙금을 넣은 '양귀비'와 통팥앙금을 넣은 오구라단팥빵을 탄생시켰다. 이듬 해에는 벚꽃 소금 절임을 넣은 빵인 '벚꽃'을 출시해 큰 인기를 끌었다.

아래

잼빵

긴자키무라야/도쿄

1900년 3대 점주인 기무라 기시로가 개발했다. 러일전쟁 당시 육군에 납품하던 비스킷샌드를 응용해 빵에 잼을 넣어 만들었다. 전통 살구잼을 주종빵으로 감싸 타원형으로 굽는다.

크로켓빵

조시야/도쿄

1927년 정육점으로 개업했다. 양식 메뉴였던 크로켓을 최초로 반찬으로 판매한 가게. 1949년 인근 인쇄공장의 요청으로 크로켓빵을 만들기 시작했으며, 콧페빵 외에 식빵도 판매한다.

스낵샌드 달걀

후지빵/아이치

1922년 나고야에서 빵과 과자를 제조, 판매하기 시작했다. 1975년 가정의 맛을 목표로 빵 테두리를 자른 촉촉한 식빵 사이에 속 재료를 채운 빵을 출시했다. 한 손으로 간편하게 먹을 수 있는 휴대용 샌드위치의 원조다.

※ 위 사진은 2015년에 촬영한 것. 오른쪽 아래는 2023년의 패키지.

<u>왼쪽</u>

멜론빵

오기로빵/히로시마

간사이 지역의 빵집에서는 대부분 일반적인 원형 멜론빵을 선라이즈라고 부르고, 백앙금이 든 아몬드 모양의 빵을 멜론빵이라고 부른다. 이곳의 멜론빵은 비스킷 반죽에 커스터드크림을 넣어 만든다.

<u>오른쪽</u>

콧페빵

오기로빵/히로시마

쇼와 20년대 무렵까지 개업했던 주고쿠 · 시코쿠 지역의 일부 빵집에서는 소위 멜론빵을 콧페빵이라고 부르는 경우가 많다. 한편 이른바 콧페빵은 양념빵이나 급식용 빵이라고 부른다. 아직 확실히 밝혀지지 않은 기원에 흥미가 쏠린다.

멜론빵

왼쪽 위

오카빵의 멜론빵

오카다제빵/시즈오카

실은 이 빵은 멜론빵이 아니다. 크림치즈가 들어간 빵을 가리키며 멜론빵을 달라는 손님이 있어, 창고에 있던 멜론빵 봉지에 넣어 팔았더니 반응이 좋았다고 한다. 가게가와 출신 사람들은 대부분 이 빵을 멜론빵으로 알고 자랐다.

오른쪽 위

멜론빵

닛타제빵/군마

격자무늬가 아닌 줄무늬가 매력 포인트. 촉촉하고 폭신한 맛을 느낄 수 있도록 제빵사가 빵 표면 비스킷 반죽의 바삭한 식감을 일부러 조금만 남기며 손수 만든다. 꽃무늬가 그려진 포장지도 사랑스럽다.

왼쪽 아래

군이치의 바삭바삭멜론빵

군이치빵/군마

1954년, 군마에서 가장 맛있는 빵을 파는 빵집이 되겠다는 일념으로 자전거 짐받이에 빵을 싣고 팔기 시작했다. 선명한 줄이 들어간 멜론빵은 그 무렵부터 판매했다. 달걀흰자를 사용해 겉면을 베어 먹으면 바삭바삭 소리가 난다.

오른쪽 아래

멜론빵

이시이야/미야기

1928년 화과자점으로 문을 열었다. 빵집을 시작한 2대 점주가 1955년 무렵부터 판매하기 시작한 독특한 멜론빵. 씹는 맛이 좋은 버터롤에 소보로를 묻히고, 속에는 촉촉한 커스터드를 듬뿍 채웠다.

<u>왼쪽</u>

긴키빵 원조멜론빵(백앙금)

오이시스/효고

고베는 참외 모양 멜론빵의 발상지다. 촉촉하고 부드러운 빵 속에는 현지 노포인 이케다제함소의 화과자처럼 고급스러운 맛을 내는 백앙금이 들었다. 쇼와 40년대 초반, 판매 시작 당시의 '긴키빵' 브랜드를 계승했다.

<u>오른쪽</u>

멜론빵

만코도/구마모토

1948년 화과자점으로 문을 연 가게로, 쇼와 30년대부터 소박한 맛을 그대로 지켜오고 있다. 빵 표면의 쿠키 반죽은 바삭바삭하고 속은 촉촉하며, 적당히 달아서 몇 개라도 먹을 수 있다. 예전에는 학교 급식에 나왔을 정도로 현지에서는 친숙한 빵이다.

아래

잼빵

소마야과자점/이와테

1950년에 화과자점으로 문을 열었다. 쫀득한 빵 속을 꽉 채운 딸기잼의 달콤함이 순식간에 피곤을 가시게 한다. 슈퍼마켓에서도 판매하고 있어 현지에서는 모르는 사람이 없을 정도다.

위

잼소보로빵

시미즈야빵집/시즈오카

단팥빵과 크림빵이 주류였던 1955년 무렵, 새로운 제품을 만들기 위해 믹스잼을 빵 반죽으로 감싼 다음 밀가루, 설탕, 유지, 달걀을 섞은 소보로를 올려 구운 빵. 출시 당시 화려한 비주얼로 인기를 끌었으며 현지 고등학교에서도 판매되었다.

초코빵

스미다제빵소/히로시마

화과자를 제조하던 초대 점주가 1916년에 오노미치 최초의 빵집을 열었다. 1950년에 카카오 수입 금지가 풀리면서 초코크림이 보급되었는데, 이를 계기로 쇼와 30년대 중반부터 강아지 모양 빵에 초코크림을 넣은 빵을 만들기 시작했다.

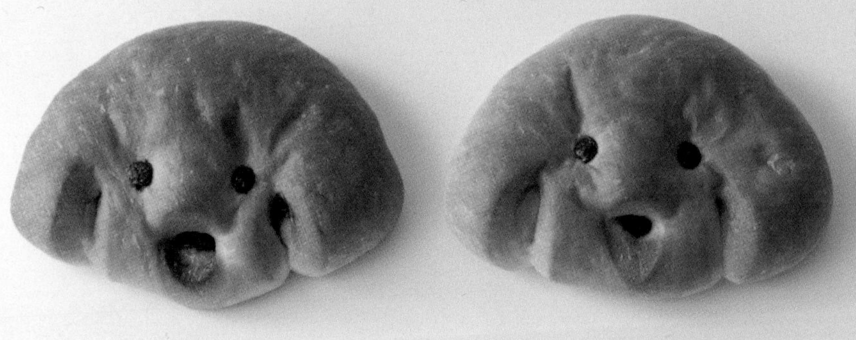

초콜릿빵

삼미

YK베이킹컴퍼니/오사카

과자처럼 간편하게 먹을 수 있는 데니시를 만들겠다는 생각에서 1971년에 출시한 빵이다. 크림, 빵 반죽 위의 비스킷 반죽, 줄무늬를 그린 초코, 이렇게 세 가지 맛이라 '삼미'라는 이름을 붙였다.

※ 사진 속 패키지는 2015년에 촬영한 것.

베스트브레드

도야마제빵/도야마

코코아 풍미의 네모난 빵 사이에 초코크림을 채운 고소한 튀김빵. 현지 학교와 미나미토야마역 자판기에서도 판매되고 있다. 차갑게 먹어도 맛있지만, 데워 먹으면 초콜릿이 빵 안까지 천천히 스며들어 또 다른 맛을 즐길 수 있다.

베타초코

다이요빵/야마가타

도쿄올림픽이 개최된 1964년에 출시. 버터크림을 바른 콧페빵을 펼친 다음 초콜릿을 흘러넘칠 정도로 듬뿍 코팅했다. 빵을 반으로 접어 먹으면 초콜릿 밀도가 높아져 초콜릿 마니아에게 인기라고 한다.

펼친 초코

료코쿠/야마가타

50년 전에 출시된 빵. 펼친 콧페빵에 버터크림을 바르고 입안에서 살살 녹는 초콜릿으로 코팅했다. 1947년에 개업한 '료코쿠'는 야마가타현에 있는 학교에 급식용 빵이나 쌀밥을 공급하기도 했다.

※ 2019년 폐업

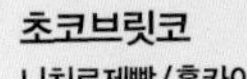

초코브릿코

니치료제빵/홋카이도

코코아케이크 사이에 휘핑크림을 바르고 초콜릿으로 코팅한 빵. 브릿코(새침하고 귀여운 여자아이)라는 말이 유행했던 1980년대에 출시했다. 봉지에 그려진 여자아이 일러스트 '초코짱'은 일본의 가수 마쓰다 세이코를 모델로 그렸다는 말도 있다.

※ 위 사진은 2015년에 촬영한 것. 왼쪽 아래는 2023년 현재의 패키지.

크림빵

토끼빵

리버티/도쿄

엉뚱하면서도 귀여운 이 얼굴을 보고 싶어 번화가 야나카의 야시장 거리로 향한다. 촉촉한 반죽 속에는 부드럽고 진한 커스터드크림이 들었다. 단면을 칼로 자르면 건포도가 흘러나오는 포도빵도 명물이다.

아래

커스터드크림빵

미쓰바야/에히메

1950년 개업 시부터 무첨가 제조법을 고수하고 있는 빵집. 크림빵은 달걀과 우유로 부드럽게 만든 커스터드크림으로 쫄깃한 빵 속을 채웠다. 쇼와 일왕이 에히메현을 방문했을 때 식빵을 진상한 적도 있다고 한다.

위

크림빵

쇼난도/가나가와

에노시마전철의 에노시마역 인근에 자리해 있다. 1937년부터 무첨가빵을 만들고 있으며 옛날에는 '가타세의 빵'으로 사랑받았다. 글로브 모양의 빵 속에 부드러운 커스터드크림이 듬뿍 들었다. 종이봉투의 일러스트도 보는 사람의 마음을 평온하게 해준다.

왼쪽

기린짱

마루니제과 곤가리앙/시즈오카

마루니제과로 문을 연 1953년. 당시에는 희귀한 동물이었던 기린의 목을 모델로, 반죽을 하나씩 손으로 늘려 빵을 굽고 우유크림을 넣었다. 60년 넘게 아이부터 어른까지 전 연령대에 걸쳐 꾸준히 사랑받고 있다.

오른쪽

프랑스빵

사와야식품/도야마

슈퍼, 학교, 병원 등에 빵을 도매로 판매하는 사와야식품. '다시마빵'은 다시마를 좋아하는 도야마현 주민에게 친숙하다. 특히 부드러운 프랑스빵에 휘핑크림을 넣은 프랑스빵의 존재감은 말할 것도 없다.

오른쪽 면 맨위

달걀빵

이치노베제빵/이와테

달걀을 사용해 폭신하고 노랗게 구워낸 큼직한 빵에 단맛을 줄인 휘핑크림을 넣었다. 1961년부터 사랑받는 롱 셀러 과자빵이다. 직판장 이외에도 이와테현과 아오모리현 내의 슈퍼에서 판매한다.

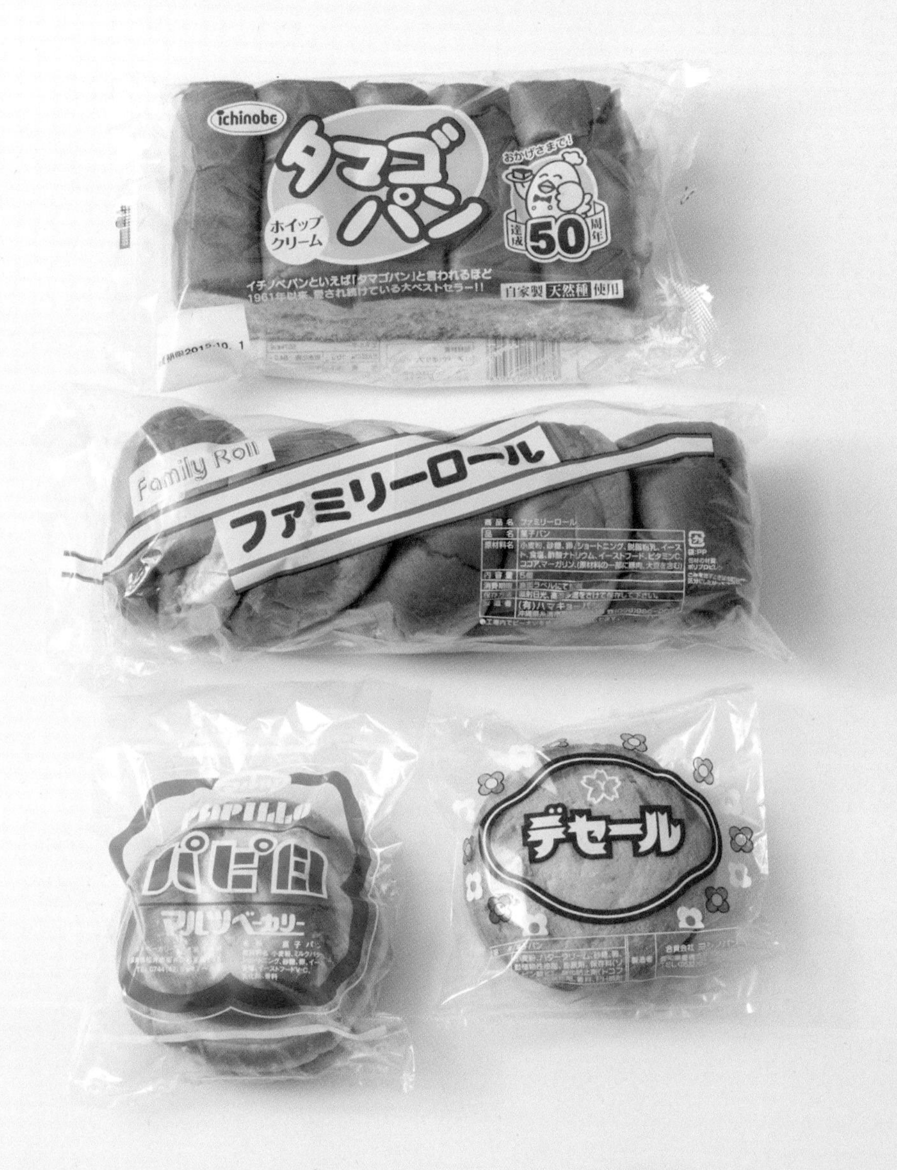

가운데

패밀리롤

하마쿄빵/오키나와

가족이 사이좋게 나눠 먹을 수 있는, 맛있고 저렴한 가격의 빵을 만들고 싶다는 생각에서 고안한 크림빵 세트. 옛날에 우리 집도 휴일이 되면 가족이 함께 모여 간식으로 과자빵을 먹었던 기억이 있다. 이토만시의 슈퍼나 이동차에서 판매한다.

왼쪽 아래

파필로

마루쓰베이커리/나라

회오리 모양의 빵에 우유버터크림을 넣은 '파필로'는 1948년 개업 당시부터의 간판 상품. 식빵에 고운 팥앙금을 넣어 튀긴 '앙프라이'도 사쿠라이시민의 소울 푸드다.

오른쪽 아래

데세르

요시노빵 요시노베이커리/아이치

도카이도의 역참 마을이 자리하고 있어 동서문화가 융합된 히가시미카와 지역의 빵집 몇 곳에서만 만드는 과자빵. 쇼와 초기, 간토 지역의 아마쇼쿠를 모델로 만든 부드러운 빵 속에 버터크림을 바른 것이 기원이라는 설도 있다. ※폐업

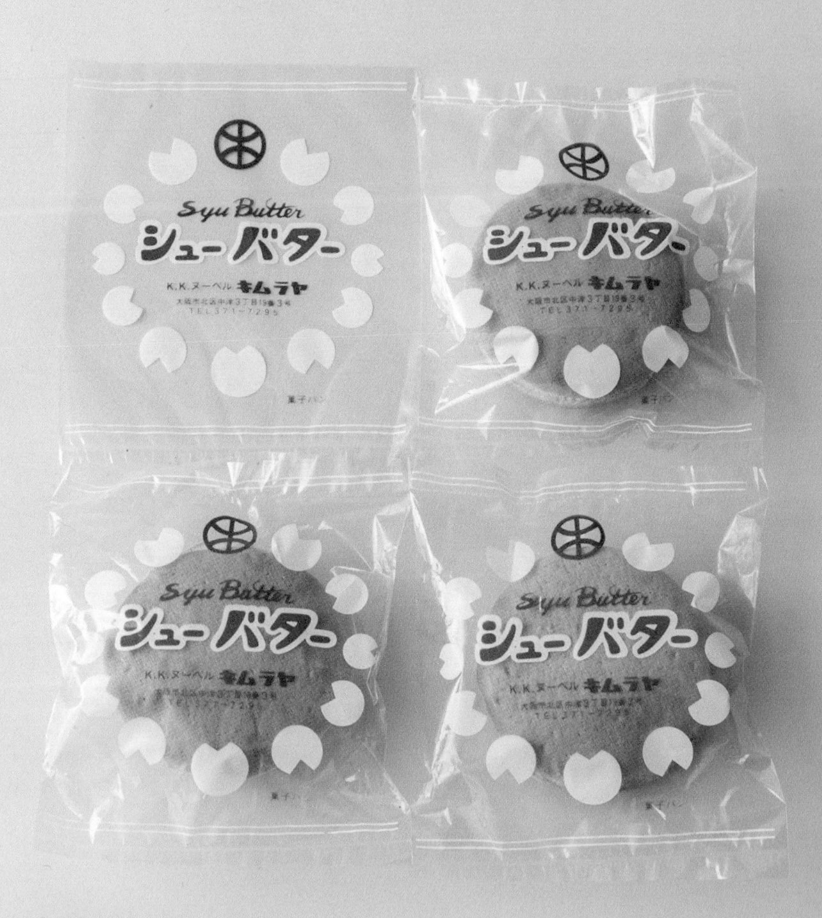

슈버터

누벨키무라야/오사카

아마쇼쿠풍 카스텔라 안에 버터크림을 넣은 손바닥 크기의 과자빵. 예전에 나카쓰시에 있던 이름이 같은 빵집의 분점으로, 1923년 개업해 100년이 넘은 현지 빵집의 명물이다. 빵 봉지 디자인이 매력적이다.

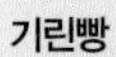

기린빵

가나이제과제빵소/시마네

기린의 목처럼 가늘고 긴 모양으로 구운 부드러운 식감의 콧페빵 사이에 생크림 풍미의 버터크림을 넣었다. 오키노시마에서 70년 동안 이어져 온 빵집으로, 남녀노소 누구에게나 사랑받는 친숙한 맛이다.

모어소프트

가메이도/미에

1979년에 개업했다. 일본산 밀, 누룩 효모, 휘핑크림 등을 사용해 구워내는 폭신하고 쫄깃한 식감의 빵이다. 은은한 단맛이 있어 갓 구운 빵을 손으로 찢어 그대로 먹는 사람도 있다. 선대는 회사원으로 일하다가 1950년부터 빵의 길을 걷기 시작했다.

식빵류

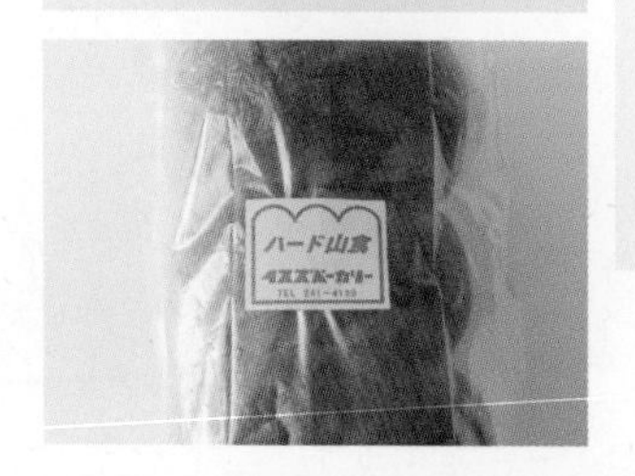

하드 식빵

이스즈베이커리/효고

1946년 개업 당시에는 목수가 특별히 제작한 드럼통을 사용한 화덕으로 빵을 구웠다는 노포의 명물. 사각형 식빵이 주류였던 쇼와 40년대, 매일 먹어도 질리지 않는 식빵을 고안했다. 프랑스빵용 가루를 배합해, 살짝 구우면 바삭한 식감을 즐길 수 있다.

왼쪽

오하요 식빵

가나이제과제빵소/시마네

현지 찻집에도 도매로 판매하며 옛날 그대로의 무첨가 빵 맛으로 널리 사랑받고 있다. 폭신폭신하고 부드러우며 은은한 단맛이 돈다. 토스터로 구우면 바삭한 식감을 즐길 수 있다. '오하요'라는 이름처럼 아침 식사로 안성맞춤.

오른쪽

하프타입 식빵

유럽빵 기무라야/후쿠이

하프 타입이지만 27센티미터라는 크기를 자랑한다. 빵 겉까지 부드럽게 구워 내어 테두리도 맛있게 먹을 수 있다. 1927년 문을 연 노포의 롱 셀러로, 유럽풍 빵을 황족에게 진상하기도 했다.

단맛 식빵

오카자키제빵/아이치

1933년에 문을 열었고 쇼와 40년대부터 만들어 온 식빵. 디저트처럼 단맛을 느낄 수 있는 빵을 만들고 싶어 고안했다고 한다. 살짝 구워 가염버터를 바르면 짭짤함이 빵의 단맛을 한층 살려준다.

식빵 '고토부키'

판넬/효고

탕종법이 일반적이지 않았던 시대에 일찍이 도입했다. 은은한 단맛이 나는 이 빵은 쫄깃하면서도 촉촉해 매일 먹어도 질리지 않는다. 그대로 먹으면 폭신폭신하고, 살짝 구워 먹으면 빵집에서 직접 만든 유지의 풍미와 바삭한 식감을 즐길 수 있다.

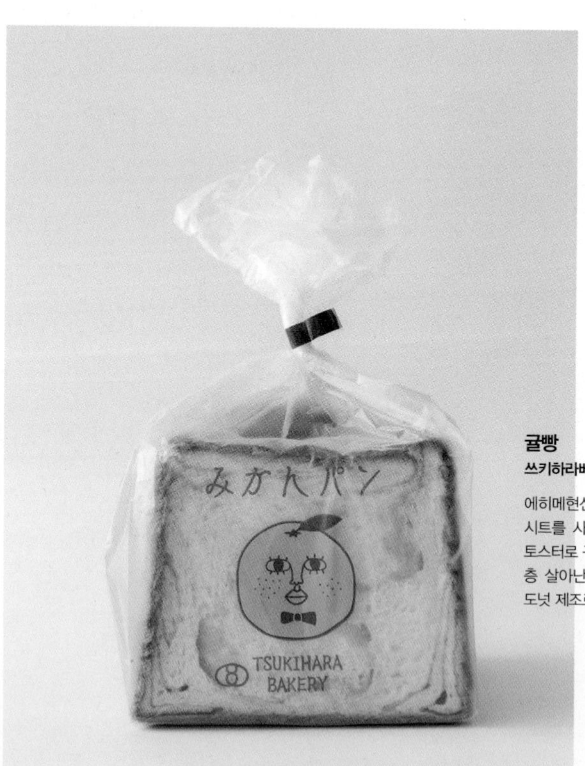

귤빵

쓰키하라베이커리/에히메

에히메현산 온슈귤 페이스트와 버터 시트를 사용한 데니시 타입의 식빵. 토스터로 구우면 버터와 귤 풍미가 한층 살아난다. 1976년에 샌드위치와 도넛 제조로 시작한 베이커리의 명물.

흑당빵

우치다빵/에히메

러일전쟁 당시 러시아에 억류되었던 선대가 전쟁이 끝난 후, 현지에서 익힌 빵 제조기술을 살려 흑당빵을 만들어 팔기 시작했다. 세 가지 모양의 식빵들, 롤빵 등 다양한 종류가 있다. 살짝 구워 먹으면 감칠맛이 살아난다.

식빵

니콜라스세이요도/도쿄

1903년 아오야마에서 우유 판매점으로 개업했다. 간토대지진 후 세타가야로 이전했고, 1945년 이후에는 빵 식량 배급 사업에 종사했다. 달걀과 우유를 사용하지 않으며 밀향의 달콤함이 은은하게 나는 식빵. 밥처럼 매일 먹어도 질리지 않는다.

잉글랜드

우치키빵/가나가와

영국인이 경영하는 빵집을 계승해 1888년에 개업했다. 일본인이 경영하고 일본인을 위한 식빵을 판매한 최초의 빵집이다. 직접 만든 홉종으로 장시간 발효시켜 손수 굽는 영국식빵으로, 쫄깃한 식감이 일품이다.

앙쇼쿠

갓 구운 빵 도미즈/효고

1990년 무렵 팥앙금이 들어간 식빵을 만들어 달라는 손님의 요청에 선대가 고안했다. 처음에는 한 사람에게만 특별히 판매했는데 차츰 입소문이 났다. 생크림을 섞어 부드러워진 식빵 반죽에 통팥 앙금을 넣어 굽는다.

사카이친덴빵

아사히제빵/오사카

일본에서 가장 오래되었고 지금도 운행 중인 노면전차 '모161형(한카이전기궤도의 노면전차용 차량)'을 재현한 빵. 꿀을 첨가한 반죽에 초콜릿 풍미의 시트를 말아 구워낸다. 1947년에 배급빵의 제조, 판매로 시작한 빵집이 사카이시의 특산품을 만들자는 생각에서 고안했다.

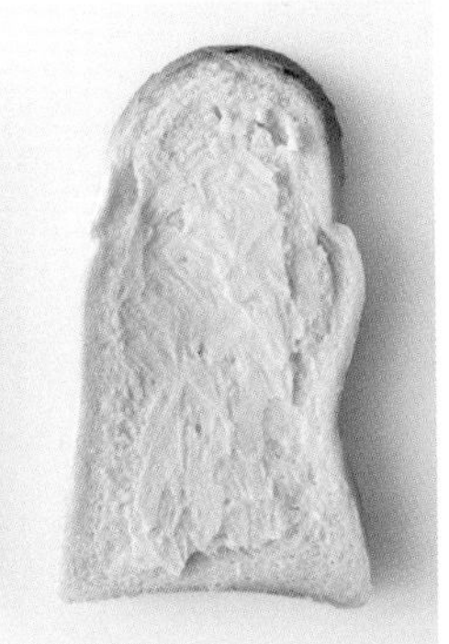

식빵샌드

올림픽빵집/군마

폭신하게 구워낸 식빵 두 장 사이에 잼과 땅콩을 넣은 샌드위치로 현지에서 인기다. 개업한 지 60년이 넘는, 레트로 분위기를 풍기는 이 빵집은 올림픽 마크가 들어간 간판이 특징이다. 빵 봉지 디자인도 멋지다.

식빵샌드류

샌드위치
가메이도/돗토리

'노란 봉지에 든 샌드위치' 하면 떠오르는 돗토리현의 명물 빵. 메이지 시대에 문을 연 노포에서 1945년 무렵부터 만들고 있다. 테두리를 자르지 않은 식빵에 딸기잼과 땅콩버터를 바른 빵으로, 한 봉지에 네 장이 들어 있어 양도 푸짐하다.

식빵 땅콩

다쓰노제빵공장/나가노

두툼하게 썬 큼직한 식빵에 입에서 살살 녹는 땅콩버터를 발랐다. 가게 주변에는 학교가 많은데, 배를 든든하게 채워주는 빵이라 아이들도 간식으로 즐겨 찾는다. 이외에 코코넛단팥빵도 명물이다.

영국토스트

구도빵/아오모리

아오모리 일부 지역에서 알려진 식습관을 참고해, 영국식 식빵에 마가린을 바르고 알갱이가 씹히는 식감의 그래뉼러당을 뿌려 판매한다. 출시 초기인 1967년 무렵은 식빵 한 장으로 만들었지만, 나중에 두 장을 합쳤다.

마가린샌드

시라이시식품공업/이와테

1948년부터 이어져 내려오는 제빵회사의 롱 셀러 상품. 영국식 식빵 두 장 사이에 마가린을 바른 빵으로, 살짝 구워 먹어도 맛있다. 빵 봉지에 그려진 캐릭터 이름은 '시라이시보야'이다.

식빵

다이호빵집/나가노

이다에 있는 호텔에 묵을 때, 조식으로 나온 빵의 쫄깃하고 촉촉한 식감에 반해 그길로 빵을 사러 나갔다. 1931년 개업 당시 닛세이제분의 기술자와 개발한 빵으로, 현재의 일왕이 이다를 방문했을 때 진상했다고 한다.

아베크토스트

다케야제빵/아키타

아베크란 말이 유행했던 쇼와 30년대에 출시. 식빵 두 장에 각각 마가린과 딸기잼을 바른 빵으로, 한 봉지에 두 세트가 들어 있어 양도 푸짐하다. 잼을 섞어 먹거나 빵을 접어 먹는 등 즐기는 방법도 제각각이다.

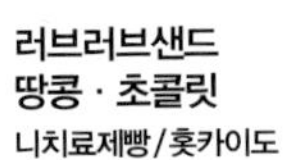

러브러브샌드
땅콩 · 초콜릿

니치료제빵/홋카이도

1984년 출시 당시 말을 두 번 반복하는 것이 유행한데다, 봉지 하나에 생김새가 귀여운 빵이 두 장 들었다는 특징을 살려 이 같은 이름을 붙였다. 시리즈 빵으로 만들어져 계절이나 시대에 맞춰 빵의 속 재료도 바뀐다.

※ 사진의 패키지는 2015년에 촬영한 것. 오른쪽 사진은 2023년 패키지.

커피토스트

사노야제과제빵/이시카와

1955년에 개업. 매장에는 다양한 종류의 식빵샌드가 진열되어 있다. 커피 풍미의 식빵 두 장 사이에 부드러운 향의 커피크림을 바른 커피토스는, 이름처럼 살짝 구워 토스트로 먹으면 맛있다.

커피 맛 빵

왼쪽

커피스낵

사와야식품/도야마

커피 풍미의 영국식빵 두 장을 겹치고, 그 사이에 달콤한 커피 크림을 바른 빵. 살짝 구워 먹으면 고소한 맛이 더해진다. 식빵을 한 장씩 먹는 사람도 많다. 주로 슈퍼, 편의점, 학교 등에서 판매한다.

오른쪽

원조커피빵

후타바야빵집/후쿠시마

옛날 그대로의 제조법과 포장을 50년 이상 지키고 있다. 커피를 빵으로도 맛보고 싶었던 초대점주가 고안했다. 커피버터를 반죽에 넣어 구우면 빵 밑면으로 거무스름하게 스며들면서 마치 캐러멜 같은 고소한 풍미를 낸다.

산오레

야마구치제과점/지바

겉은 고소하게 안은 폭신하고 부드럽게 구운 빵에 소박하고 그리운 어머니의 손맛을 떠올리게 하는 수제 샐러드를 채운 식사빵. 50년 넘게 사랑받는 롱 셀러다. 1939년 이전부터 전해 내려오고 있는 '나뭇잎빵'도 명물.

소자이빵(반찬빵)

위

지쿠와빵

돈구리/홋카이도

참치 샐러드가 든 지쿠와(원통형 어묵)를 조합한 소자이빵은 홋카이도에서 친숙한 맛이다. 개업한 지 얼마 되지 않은 1983년, 한 손님이 도시락 반찬인 지쿠와를 빵에 넣어보면 어떻겠냐고 제안한 것이 지쿠와빵이 탄생하게 된 계기다.

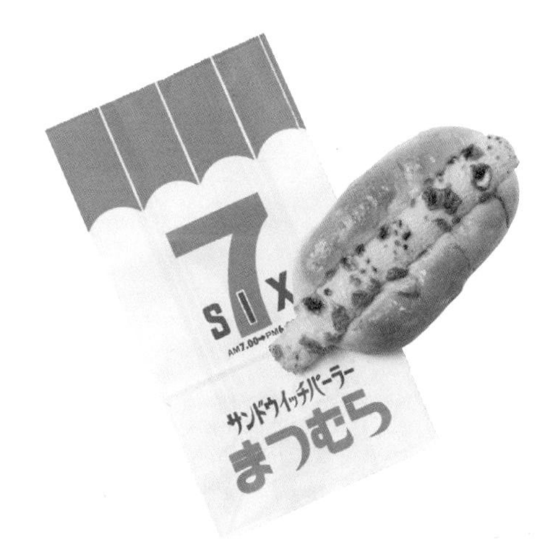

오른쪽

지쿠와도그

샌드위치팔러 · 마쓰무라/도쿄

1921년 운치 있는 닌교초에서 문을 연 노포. 세로로 자른 뒤 마요네즈 소스를 채운 지쿠와를 콧페빵 사이에 넣었다. 씹는 맛이 있고 하나만 먹어도 배가 든든하다. 빵 봉지에 적힌 숫자 '7'과 'SIX'는 영업시간을 나타낸다.

지마요
다이이치빵/오키나와

폭신하게 구운 빵 위에 향기로운 치즈와 치즈 풍미의 마요네즈를 토핑해 독특한 식감을 낸다. 1969년 탄생한 제빵회사의 롱 셀러. 개업 당시에는 밭에 공장 하나가 덩그러니 세워져 있었다고 한다.

위

핫도그 야채 · 달걀 · 다진 고기
도쿄도빵/후쿠오카

콧페빵 핫도그. 맨 위에는 오이가 든 달걀 샐러드를, 가운데에는 마요네즈에 버무린 양배추와 햄을 넣었다. 그리고 아래에는 마요네즈에 버무린 다진 고기를 양상추와 함께 넣었다. 1959년부터 이어져 내려오는 소자이빵으로, 생김새에서부터 레트로 감성이 느껴진다.

위의 가장 아래, 오른쪽

핫도그
기무라야/후쿠오카

1948년 무렵 창업자가 미국의 핫도그를 소문으로 듣고 '더워하는 개'의 모습을 표현했다. 개의 혀를 나타낸 프레스 햄과 야채 샐러드를 번 사이에 끼워 만든 것이 시작이다. 역에서 판매될 정도로 명물이 되었다.

※ 2017년 폐업

샐러드빵
니시무라빵/이바라키

1948년부터 주로 학교 급식용 빵을 도매로 납품했다. 샐러드빵은 매장에서 다 팔리고 없을 때도 있으므로 예약이 필요하다. 단맛이 나는 파커 하우스 빵에 감자샐러드를 넣었다. 개업 당시부터 지금까지 이어지는 맛이다.

본가샐러드빵

빵노이에/나가사키

1917년에 개업. 학생 할인과 24시간 영업으로 알려진 도요켄이 폐점될 때 레시피를 전수받아 도요켄 자리에 문을 열었다. 롤빵 사이에 감자 샐러드와 프레스 햄을 넣은 조리빵은 나가사키 출신 주민들에게 청춘을 떠올리게 하는 맛이다.

비프카레빵(마루주 100주년 기념)
마루주야마나시제빵/야마나시

마루주의 창업자 다나베 겐페이는 미국에서 귀국 후, 1913년 우에노에서 빵집을 열었다. '마루주야마나시제빵'은 이곳에서 파견된 제빵사들과 1921년에 개업했다. 창업 100년이 되는 해인 2013년에 마루주조합에서 다나베 씨를 그리워하며 만든 이 빵은 비프카레에 소고기를 넣어 구웠다.

카레빵

카레빵
하치노야/나가사키

군항(軍港)으로 번성했던 사세보에서 1951년 찻집으로 문을 열었고, 유럽식 카레와 슈크림이 명물이 되었다. 카레빵은 50년 이상 현지에서 사랑받는 비프카레를 쫄깃한 도넛 반죽으로 감싸 튀겨 만든다.

위

롤빵(소)
펠리컨/도쿄

1942년 개업 당시에는 과자빵도 취급했지만, 나중에는 식빵과 롤빵 두 종류만 판매하게 되었다. 노릇노릇하게 굽거나 빵 사이에 이것저것 끼워 먹기도 한다. 펠리컨의 빵이 있는 아침은 행복하다.

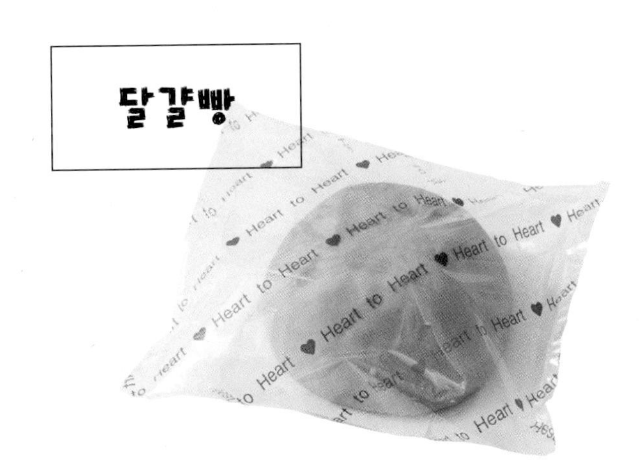

오른쪽

달걀빵
아시아제빵소/군마

1939년 이전부터 오사카에서 제빵업을 하던 창업자. 전쟁을 피해 고향 마에바시로 돌아왔다가 전쟁이 끝나자 바로 그곳에서 빵집을 시작했다. 물자가 부족했던 시절이라 밀가루와 달걀, 설탕만을 사용해 맛있는 빵을 만들었다. 현지 사람들의 먹거리를 지탱해온 빵집이다.

프랑스식 빵

레트로바게트 "1924"
신신도/교토

일본인 제빵사 최초로 프랑스에서 유학한 쓰즈키 히토시가 1913년에 개업한 빵집의 간판 메뉴. 프랑스산 밀을 사용한 바게트로, 겉은 바삭하지만 속은 촉촉하고 부드러우며 은은한 짠맛이 난다. '1924'는 쓰즈키 씨가 프랑스에 유학했던 해이다.

오른쪽

천연효모재팬

판넬/효고

길이가 20cm 정도인 하드 계열의 작은 빵. 천연 효모로 충분히 발효시킨 다음 구워내 프랑스빵에 가까운 맛을 낸다. 속은 촉촉한 식감을 자랑한다. 구워 먹으면 독특한 단맛이 한층 살아난다.

아래

카르네

시즈야/교토

카르네는 프랑스어로 지하철 회수권이라는 뜻이다. 이름처럼 다시 찾는 손님이 많아 가장 인기 있는 빵이다. 부드럽고 둥근 프랑스빵에 햄과 양파 슬라이스를 끼웠다. 시즈야는 1975년 무렵 일본인을 위 한 카이저 롤을 개발한 곳이기도 하다.

콧페빵류

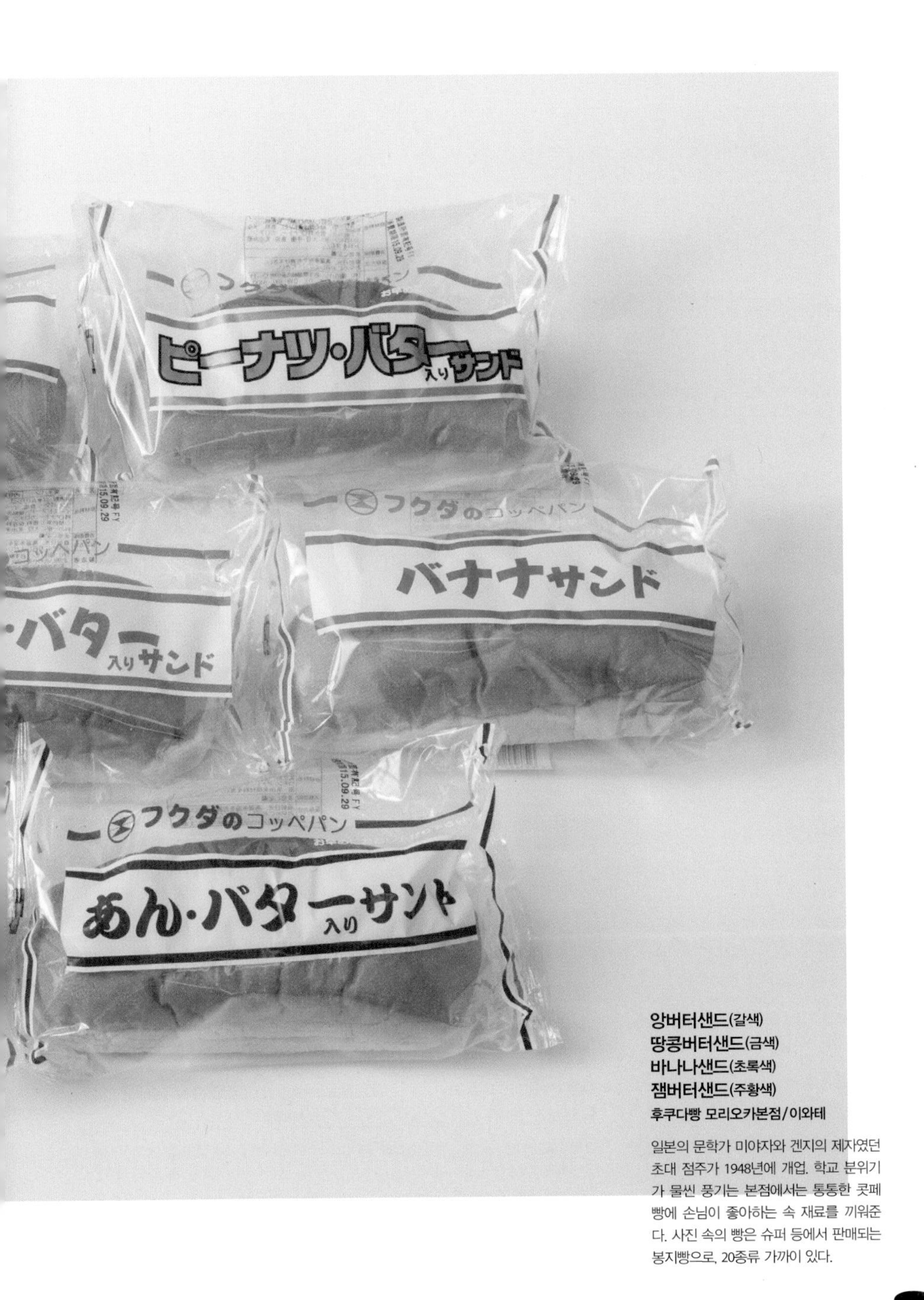

앙버터샌드(갈색)
땅콩버터샌드(금색)
바나나샌드(초록색)
잼버터샌드(주황색)
후쿠다빵 모리오카본점/이와테

일본의 문학가 미야자와 겐지의 제자였던 초대 점주가 1948년에 개업. 학교 분위기가 물씬 풍기는 본점에서는 통통한 콧페빵에 손님이 좋아하는 속 재료를 끼워준다. 사진 속의 빵은 슈퍼 등에서 판매되는 봉지빵으로, 20종류 가까이 있다.

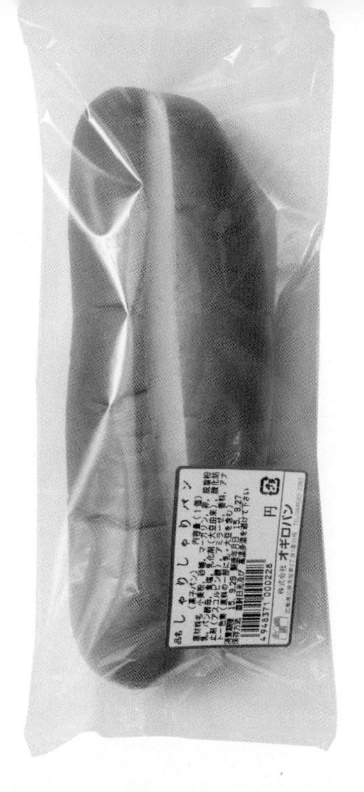

왼쪽

자리빵

미카엘도/미야자키

가톨릭 신자인 창업자가 1926년 외국인 신부에게 빵 기술을 배워 개업했다. 콧페빵에 설탕과 버터크림을 바른 이 빵을 먹은 아이들이 '자리빵'이라 이름 붙였다.

※ '자리자리'는 작은 알갱이가 씹히는 소리나 느낌을 나타내는 일본어.

오른쪽 위

샤리샤리빵

오기로빵/히로시마

현지에서 조미빵으로 불리는 콧페빵에 사이에 설탕 알갱이가 아삭아삭(샤리샤리) 씹히는 식감을 살린 특제 크림을 넣었다. 1918년에 개업한 빵집으로, 이 빵은 쇼와 30년대부터 가장 인기가 많다. 매장에서는 과일 풍미의 빵도 찾아볼 수 있다.

오른쪽 아래

옛날 그대로의 급식 콧페빵

닛타제빵/군마

1917년 개업. 1945년 이후 학교 급식용 빵을 만들어 한창 자라는 아이들의 성장을 도왔다. 콧페빵은 학교 급식과 마찬가지로 첨가물을 일절 사용하지 않고 굽는다. 매장에 병설된 공장은 굴뚝이 높이 솟아 있어 점포 구조에서도 멋이 느껴진다.

위

독일콧페

오카야마키무라야/오카야마

부드럽고 묵직한 콧페빵. 특제 오렌지크림을 바른 '오렌지독일콧페'도 있다. 긴자키무라야에서 빵 제조기술을 익힌 초대 점주가 1919년에 개업했으며, 오카야마시를 중심으로 50개 이상의 지점이 있다.

가운데

다이아밀크

아메리카빵/사가

콧페빵 사이에 반짝반짝한 설탕을 뿌린 우유크림을 넣었다. 1951년 개업 당시 다른 빵집에는 없는 빵을 만들자는 생각에서 고안했다. 설탕을 다이아몬드에 비유한 빵 이름은 당시 달콤한 음식이 귀한 시절이었음을 말해준다.

아래

프레시롤

나카타제빵/와카야마

미국에서 돌아온 초대 점주가 개업한 해인 1903년부터 100년 이상 만들어오고 있는 콧페빵은 은은한 단맛과 부드러운 식감이 특징이다. 마가린을 바른 프레시롤 외에 초콜릿이나 땅콩크림을 바른 버전도 있다.

초코버터샌드

다케야제빵武藤製パン**/아키타**

촉촉한 콧페빵 사이에 초코칩을 섞은 버터크림이 듬뿍 들었다. 50년 전부터 사랑받아 왔으며 패키지 디자인에서도 멋이 느껴진다. 단팥 앙금이나 커스터드크림이 든 '기름빵'도 마찬가지로 이곳의 롱 셀러.

※ 폐업. 현재는 '다케야제빵たけや製パン'이 계승해 판매하고 있다.

샌드롤
오구라&네오마가린
시키시마제빵/아이치

입안에서 살살 녹는 부드러운 빵에 칼집을 내고 그 사이에 오구라앙과 마가린을 넣었다. 공장의 제조 담당자가 갓 구운 단팥빵에 마가린을 발라 먹는 걸 개발 담당자가 우연히 발견했고, 여기서 아이디어를 얻어 만든 빵이라고 한다. 지금은 주부 지방과 간사이 지방에서 판매 중이다.

샌드롤
더블멜론
시키시마제빵/아이치

부드러운 식감의 빵 반죽에 연두색 크림을 이중으로 넣었다. 멜론 과육이 들어간 멜론크림은 추억의 맛이다. 폭넓은 연령층에서 사랑받는 롱 셀러로, 주부 지방과 간사이 지방에서 판매한다.

요쓰와리빵

하라마치제빵/후쿠시마

학교 급식 빵으로 유명한 빵집. 55년 전, 이 제품을 출시했을 때는 플라워빵이라는 이름을 지었는데, 손님들이 '요쓰와리빵(네 개로 쪼갠 빵)'으로 불렀다고한다. 단팥빵과 크림빵이 주류였던 당시, 새로운 제품을 만들자는 생각에서 팥앙금과 생크림을 함께 넣어서 만들었다.

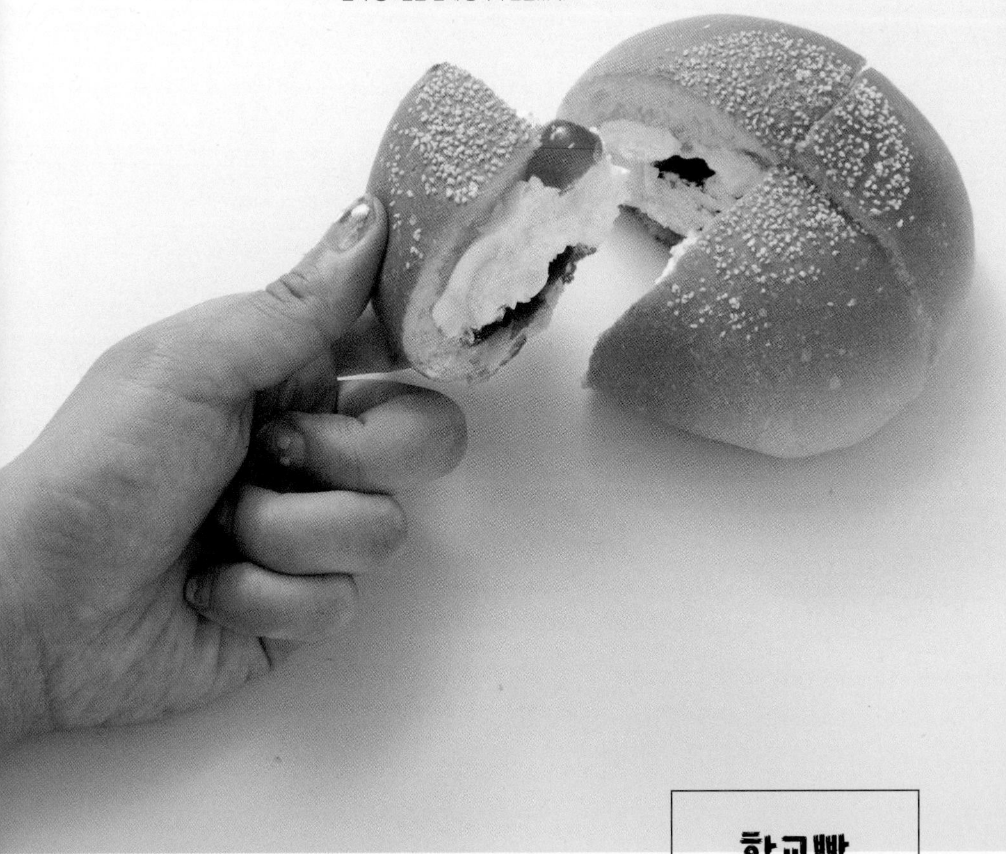

학교빵

콩고물빵

유럽풍빵 나카가와/사가

불룩하게 튀긴 콧페빵에 설탕을 섞은 콩고물을 듬뿍 뿌린 빵. 후쿠오카에서 사가로 옮겨간 지 40여 년, 이 빵집은 옛날 학교 급식에서 아이디어를 얻어 빵을 만들기 시작했다. 지금은 현지에서 학교빵을 파는 가게로 사랑받고 있다.

삼각치즈빵
팥앙금과 치즈가 든 삼각빵
쓰루사키식품/오이타

1987년부터 고등학교 매점에서 판매하고 있는 빵. '산치(삼각 치즈)'라는 애칭으로 사랑받고 있다. 달콤한 쿠키 반죽으로 감싼 식빵에 치즈크림을 넣었다. 한창 먹을 시기인 고등학생들도 배부르게 먹을 수 있는 빵을 만들자는 생각으로 개발했다.

급식튀김빵

가모메빵 본점/가나가와

1924년 센베이(전병 과자) 가게로 문을 열었다. 제2차 세계대전 시기에 빵을 만들기 시작했고 전쟁이 끝난 후부터 요코하마시에 있는 초등학교에 급식용 빵을 납품했다. 기름에 튀긴 콧페빵에 설탕을 뿌린 튀김빵은 학교 급식에서 튀김빵이 처음 나왔을 때부터 이어져 오고 있는 맛이다.

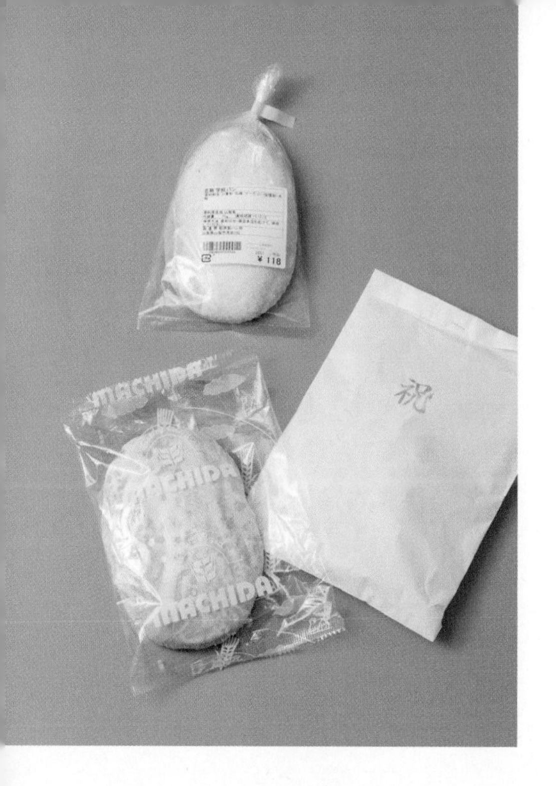

왼쪽 위

학교빵

하기하라제빵소/야마나시

그 지역 밀을 사용한 반죽에 옛날에는 귀했던 설탕을 뿌린 빵. 학교 입학식이나 졸업식에서 이 빵을 나누며 새로운 출발을 축하했다. 학교 급식용 빵을 만드는 제빵소의 소박한 맛을 느낄 수 있다. 급식에서 달콤한 빵이 나올 때는 유독 기뻤던 기억이 있다.

왼쪽 아래

축빵

마치다제빵/야마나시

과거 밀 산지였던 야마나시시 · 고슈시에서 예전부터 사랑받고 있는 빵으로, 학교빵, 가타빵으로도 불린다. 학교 행사, 축제, 결혼식, 설날, 성인식 등 경사스러운 날에 나누곤 한다. 고슈시에서는 학교 급식용 빵으로 친숙한 빵집이다.

아래

학생조리

다케야제빵/아키타

콧페빵 사이에 나폴리탄, 양배추 샐러드, 소스에 버무린 어육 소시지 프라이를 넣은 소자이빵. 1986년 학교 매점에서 시험 삼아 팔았을 때 큰 인기를 끌자 학생조리라는 이름을 붙여 판매하기 시작했다.

파빵

다카오카제빵공장/구마모토

창업자는 학교 급식 공장에서 빵 제조기술을 배웠다. 20년 전, 한 고등학생 남자아이가 파를 싫어하는 친구에게 주고 싶다며 파가 들었는지 알 수 없는 빵을 만들어달라고 했고, 이것을 계기로 탄생했다. 부드러운 식감의 빵 사이에 청파(파란 부분이 많은 파)와 가쓰오부시, 소스를 넣어 오코노미야키 느낌으로 만들었다.

이름이 특이한 빵

포도의 꿈

가모메빵 본점/가나가와

브리오슈 반죽을 여덟 개의 포도알이 달린 포도송이 모양으로 만들었다. 포도알에는 각각 통팥앙금, 백앙금, 커스터드크림, 초코크림, 밤크림, 딸기잼, 사과잼, 호박앙금이 들어 있어 여러 가지 맛을 다채롭게 즐길 수 있다.

위

구라시키로만 플레인, 붉은 누룩, 말차

니브베이커리/오카야마

로만은 로켄만주(労研饅頭)의 줄임말로, 1939년 이전 구라시키방적공장 안에 개설된 구라시키노동과학연구소에서 여성 노동자의 영양식으로 개발했다. 밀가루, 설탕, 주종 등을 숙성, 발효시킨 반죽을 찐 빵으로, 베어 먹으면 아마자케(일본의 감주)와 같은 깊은 맛이 입안에 퍼진다.

※ 현재는 폐업

왼쪽

꽈배기봉

오이시스/효고

쇼와 40년대에 '아롬'이란 브랜드에서 출시된 빵을 계승한 빵. 남녀노소 누구나 즐겨 먹을 수 있는 빵을 만들기 위해 당시에는 드물었던 데니시 반죽에 비스켓 반죽을 배합해 질리지 않는 맛과 식감을 구현했다.

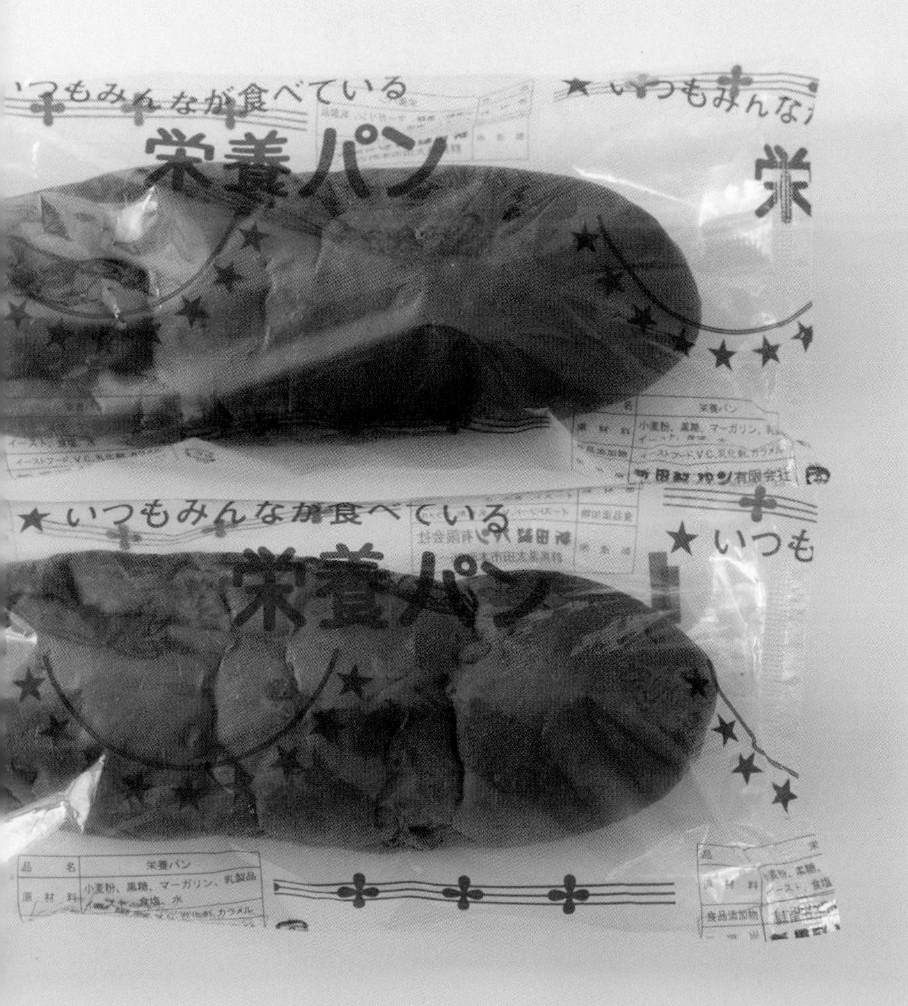

영양빵

닛타제빵/군마

1917년 개업 시부터 한결같은 맛을 유지하고 있다. 반죽에 흑당 시럽, 건포도, 아마낫토를 넣어 콧페빵 모양으로 구워낸다.먹을 것이 넉넉하지 않았던 시절, 조금이라도 영양을 섭취할 수 있는 빵을 내놓겠다는 마음으로 만든 빵이다.

기념빵 · 연인빵

고신도/미야기

1885년 설탕 가게로 문을 열었다. 위의 빵은 쇼와 일왕의 탄생을 기념해 만든 것으로, 반죽에 다이나곤(알이 굵은 팥)을 넣었다. 아래의 연인빵은 한쪽에는 커스터드, 다른 쪽에는 초코크림을 채운 코르네이다 그 모습이 마치 연인 같다며 단골들이 이름 붙여 주었다.

※ '기념빵'은 현재 잠시 판매 중단

전승 하토시샌드

나가사키스기카마/나가사키

광둥어로 '하'는 새우, '토시'는 토스트를 의미한다. 다진 새우살을 빵 사이에 넣어 튀긴 하토시는 메이지시대부터 전해져 오는 나가사키의 전통음식이다. 가마보코 가게가 만드는 가스샌드풍의 하토시샌드는 새우를 듬뿍 넣고 바삭바삭한 튀김옷을 입혔다.

왼쪽 위

신콤3호

이케다빵/가고시마

붓세에 가까운 폭신하고 둥근 빵 안에 버터크림을 넣었다. 도쿄올림픽 중계를 위해 발사된 세계 최초 정지위성을 기념해 1961년에 출시한 과자빵을 그대로 재현한 빵.

오른쪽 위

죽순빵

야마토빵/아이치

원추형 데니시 반죽에 휘핑크림을 채운 모습이 갓 딴 죽순처럼 보인다고 해서 지어진 이름이다. 여름에는 제조를 중단하기 때문에 현지에서는 환상빵이라고 불린다.

※현재 패키지는 변경됨

왼쪽 아래

원조온천빵

온천빵/도치기

1955년 무렵, 직원이 휴게 시간에 학교 급식용 빵을 만들고 남은 반죽을 사용해 구운 빵에서 비롯되었다. 기쓰레가와에 온천이 생긴 것을 기념해 이런 이름을 붙였다. 프랑스빵보다 부드럽고 씹을수록 단맛이 느껴진다.

오른쪽 아래

가모메빵

빵공방 렌조/나가사키

아리아케페리의 승무원이 승객들도 기뻐할 것이라며 갈매기에게 먹이를 주기 시작한 것을 계기로 탄생했다. 갈매기 간식 전용으로 만든 천연 효모빵이지만,사람도 먹을 수 있다. 갈매기가 도래하는 시기에 페리 매점에서 판매한다.

은방울꽃단팥빵

마루로쿠다나카제빵소/나가노

1947년 개업 시 고마가네의 산에 피는 꽃을 상상하며 은방울꽃 그림이 그려진 봉지에 단팥빵 다섯 개를 넣어 한 세트로 만들었다. 촉촉한 빵 속에 직접 만든 통팥앙금이 가득 넣었다. 그 후, 1974년에 은방울꽃이 고마가네시의 꽃으로 제정되었다.

모양이 특이한 빵

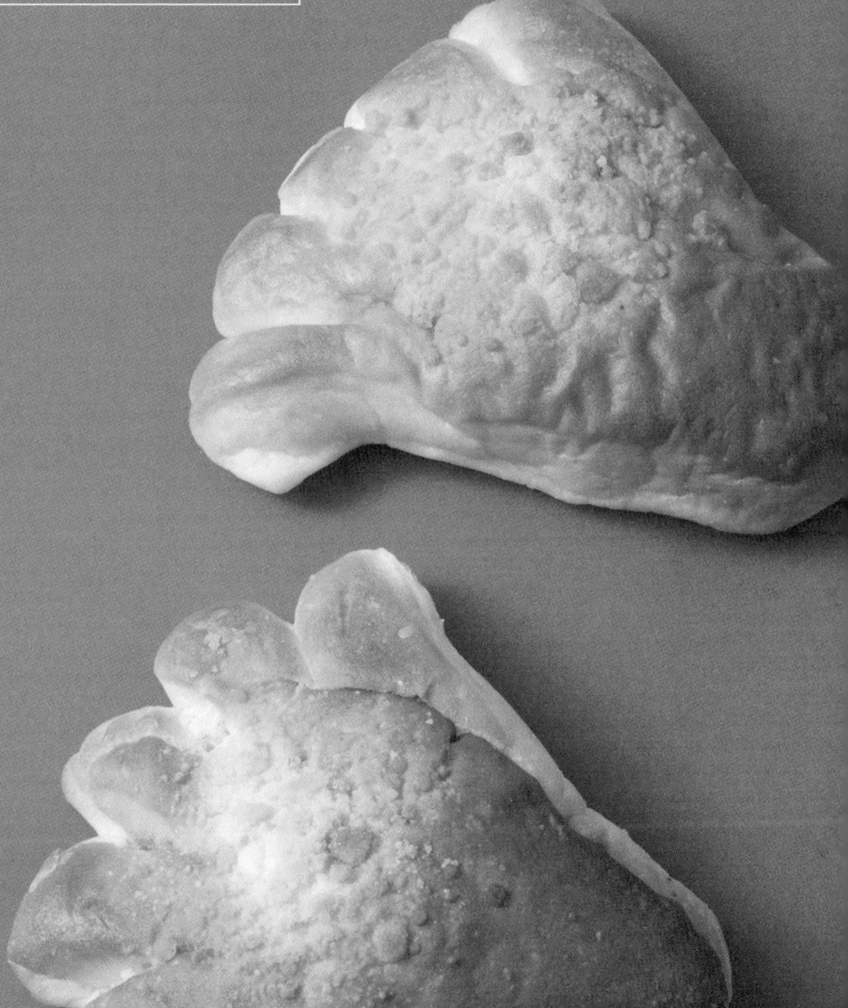

무좀빵 플레인 · 잼
오카자키도넛/후쿠시마

20여 년 전, 콧페빵 풍미가 나는 발 모양 빵에 바삭바삭한 소보로를 뿌려 아이에게 무좀이라고 보여주었더니 아이가 폭소를 터뜨렸고, 재미있는 모양 덕분에 화제가 되었다. 사이즈가 큰 무좀빵부터 크림이 든 것, 무좀빵도넛 등 다양한 맛이 있다.

빵통조림 메이플 맛

화덕빵공방 기라무기/도치기

갓 구운 듯한 폭신폭신한 빵이 통조림 속에 들었다. 고베대지진 발생 당시 피해 지역에 대량의 빵을 보냈지만, 절반 이상이 상해버렸다. 이를 계기로 오래 두고 맛있게 먹을 수 있는 빵을 개발했다. 오늘날, 빵통조림은 해외 빈곤 지역에도 전달되어 세계의 현지 빵이 되었다.

※ 오른쪽 사진은 2015년에 촬영한 것. 위 사진은 2023년 패키지.

회오리빵

고후루이과자점/나가노

소용돌이 부분은 커스터드크림이다. 그냥 먹어도 맛있지만, 전자레인지에 데워 먹으면 빵 속의 마가린이 녹으면서 달고 짭조름한 맛이 살아나고 더 촉촉해진다. 1932년에 과자점을 시작한 초대 점주가 고안한 맛이라고 한다.

연결롤

요코사와빵집/이와테

미야자와 겐지도 즐겨 찾았던 곳으로, 1927년 개업 때부터 변함 없는 맛을 지키고 있다. 손으로 직접 반죽하며, 바나나 모양으로 만든 버터롤 반죽 열 개를 옆으로 길게 연결했다. 식감이 부드러우며 다른 요리에 곁들여 먹어도 잘 어울린다.

기타로빵패밀리

고베베이커리 미즈키로드점/돗토리

일본의 만화가 미즈키 시게루의 고향인 사카이미나토시의 미즈키시게루로드에 자리한 이 빵집에는 일곱 종류의 기타로 빵이 진열되어 있다. 기타로는 크림빵, 모래뿌리기할멈은 단팥빵, 고양이소녀는 잼빵으로 저마다 개성 있게 표현했다. 세트로 구성된 상자로도 판매한다.

버라이어티미니빵세트
(멜론크림, 소보로빵, 초코칩롤, 단팥빵,
크림빵, 멜론빵, 잼빵, 초코크림샌드)
요시나가제빵소/구마모토

초대 점주는 배를 만드는 목수였다. 그는 후쿠오카에서 탄광 광부들을 위해 빵을 만드는 누나 부부에게 감명을 받아 빵 제조기술을 배웠고, 1949년 현지 어부를 위해 빵집을 개업했다. 사진 속 빵은 동네 유치원 아이들의 간식으로 만들기 시작한 작은 크기의 빵 세트이다.

땅콩빵

땅콩빵

다이에이켄제빵소/미에

콧페빵 사이에 땅콩크림을 바른 옛날 그대로의 소박한 맛을 간직했다. 1937년 개업 당시에는 주변에 빵집이 없었기 때문에 늘 동네 사람들로 붐볐다. 지은 지 80년이 넘은 가게에는 재즈가 흐른다.

위와 왼쪽

땅콩버터 · 땅콩샌드

고가네빵/기후

제2차 세계대전 후 얼마 되지 않아 개업했다. 반죽에 흑당을 넣어 만든 빵 사이에 땅콩크림을 바른 땅콩샌드가 가장 인기가 많다. 그다음으로는 간사이에서 '통'이라고 불리는 컵 모양의 빵에, 이곳에서 직접 만든 땅콩버터를 채운 빵이 인기다.

아래

니코니코피넛

피터팬/지바

땅콩 모양의 부드럽고 씹히는 맛이 좋은 프랑스 빵 안쪽에 알갱이가 톡톡 씹히는 식감의 땅콩크림을 듬뿍 넣고,야치마타산 땅콩을 토핑했다. 1978년에 개업한 빵집으로, 지바의 매력을 전하고 싶어 이 빵을 고안했다고 한다.

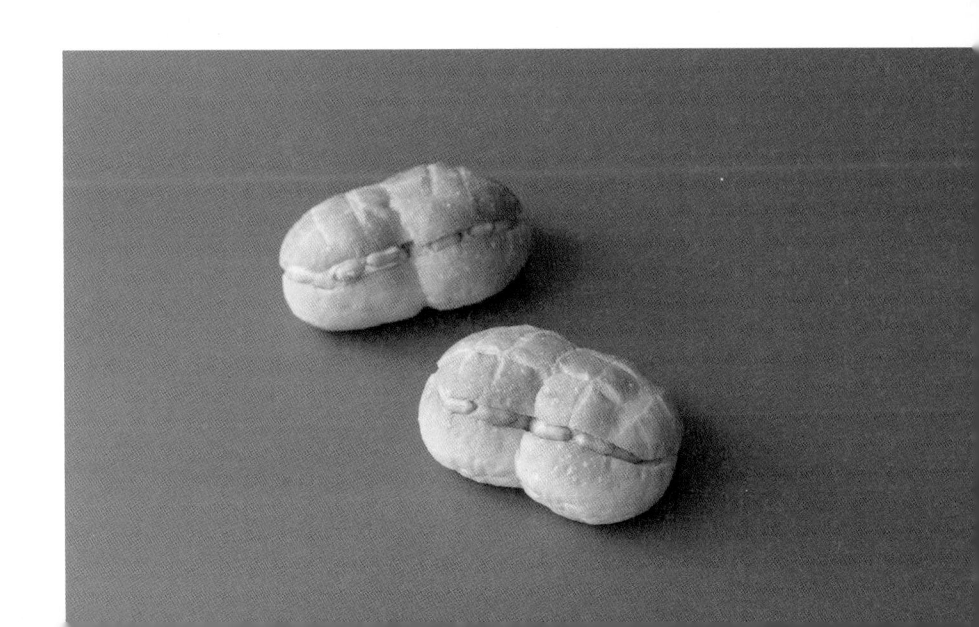

제브러빵

오키코빵/오키나와

기와를 제조, 판매하는 일을 하다가 1953년에 식품제조회사로 전업했다. 제브러빵은 이곳의 간판 메뉴. 알갱이가 든 땅콩크림과 흑당 시트를 합쳐 단면이 줄무늬처럼 보여서 제브러(얼룩말)라는 이름이 붙었다. 1980년 무렵부터 판매되고 있다.

동네, 여행지, 어디에서나 눈에 보이면 무조건 손이 가는 동물과자빵. 내 취향을 아는 친구나 지인에게서 선물로 받은 빵도 있고, 어느 빵이 어느 빵집의 제품인지 잊어버린 것도 많아, 가게 이름을 넣지 않고 촬영해둔 사진만 실었다.

Column ❷

표정이 다채로운 동물빵

옛날부터 동네 빵집에 진열되어 있는 수제 동물빵. 입이 짧은 아이라도 식사를 즐겁게 하기 바라는 마음에서 만들었다는 빵집 점주의 다정함이 묻어난다.

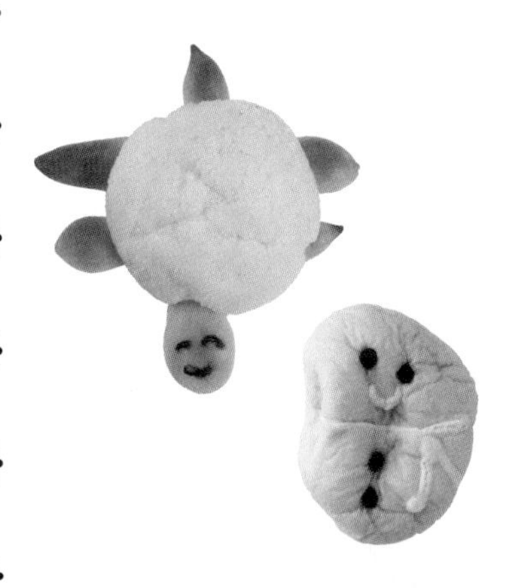

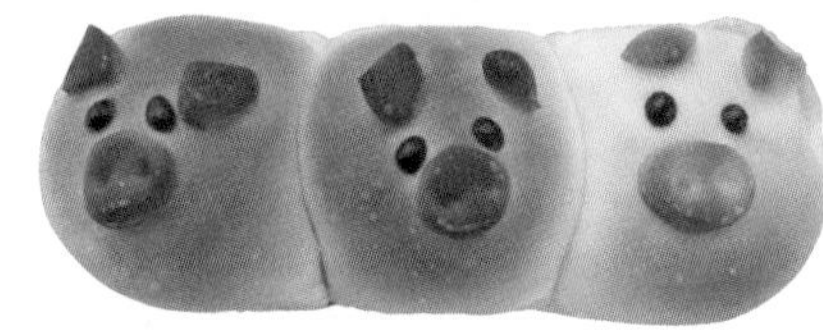

숲에서 빵집을 운영하는 까마귀 가족 이야기를 그린 『까마귀 빵집からすのパンやさん(가코 사토시 지음)』은 어릴 적 매우 좋아했던 그림책이다. 돼지, 코끼리, 새끼고양이 등 다양한 동물빵의 매력에 사로잡혔고, 빵집에 갈 때마다 어린이를 위한 달콤한 재료가 듬뿍 들어간 동물빵을 찾아서는 무척 기뻐하며 고르곤 했다. 지금도 빵집에서 동물빵을 발견하면 저절로 손이 가는 이유는 어린 시절의 추억 때문이다. 애교 가득한 동물빵을 한 입 베어 물면, 얼굴 가득 미소를 띠고 한입 가득 빵을 먹던 옛날 그 시절로, 기억 여행이 시작된다.

빵 만드는 캐릭터 친구들

만나면 저절로 미소를 짓게 되는 귀여운 제빵사와 동물들. 하나같이 존재감이 돋보인다. 앙증맞은 추억의 캐릭터를 소개한다.

(로고나 그림의 일부만 실은 것도 있음)

▶ 야지마제빵
◀ 료코쿠
마루니제과 곤가리앙 ▶
▶ 이노야상점
▲ 료유빵
▲ 도쿄도빵
▲ 구시켄
◀ 이노야상점
▲ 빵아즈마야
▲ 고게쓰도
▶ 소게쓰도
▲ 빵노이에
▲ 스기모토빵
▼ 펠리컨
▲ 니치료제빵
◀ 로바노빵 사카모토
▶ 빵아즈마야
▲ 오토모빵집
▶ 아메리카빵
◀ 고베베이커리 미즈키로드점
▶ 구시켄
◀ 하치노야
▲ 마루니제과 곤가리앙
◀ 리버티
▲ 니브베이커리
▲ 마루킨제빵공장

▶ 우치키빵
▼ 나카야빵집
▲ 다카오카제빵공장
◀ 이즈모키무라야
キムラヤ
▲ 이노야상점
▼ 오이시스(긴키빵)
NICE DAY WITH NICE BREAD
キンキパン
▲ 리버티
▲ 오야마지점
▲ 오카와빵
▲ 불랑제리나카무라
◀ 사노야제빵
◀ 돈쇼제빵
◀ 몬드올타무라야
◀ 다카오카제빵공장
◀ 다이호빵집
▶ 소마야과자점
▶ 가메이도
▲ 니치료제빵
▼ 야마구치제과점
shiraishi
▲ 시라이시식품공업
◀ 쓰키하라베이커리
◀ 몽파르노
▶ 쇼난도
◀ 이케다빵
◀ 이노야상점
▲ 불랑제리 나카무라
▲ 후쿠다빵 모리오카본점
◀ 기요카와제과 제빵점
나카무라야 ▶
◀ 난포빵

Column ❸

푸석푸석에서 폭신폭신으로

과자점에 진열된, 빵이라는 이름이 붙은 과자.
그리고 빵집에서 볼 수 있는 과자 같은 빵.
경계를 넘나드는 빵과 과자의 결합을 만나보자.

메이지시대 일본의 산업혁명 유산으로 세계문화유산에 등록된 니라야마반사로(금속을 녹여 대포 등을 주조하기 위한 용해로) 건축에 힘썼던 에가와 다로자에몬은 '일본인에 의한 일본인을 위한 빵'을 최초로 만들어 빵의 시조로 불린다. 하지만 보존성과 운반성을 목적으로 군량으로 만들어진 빵은 딱딱하고 푸석푸석했다. 그 후, 메이지시대에

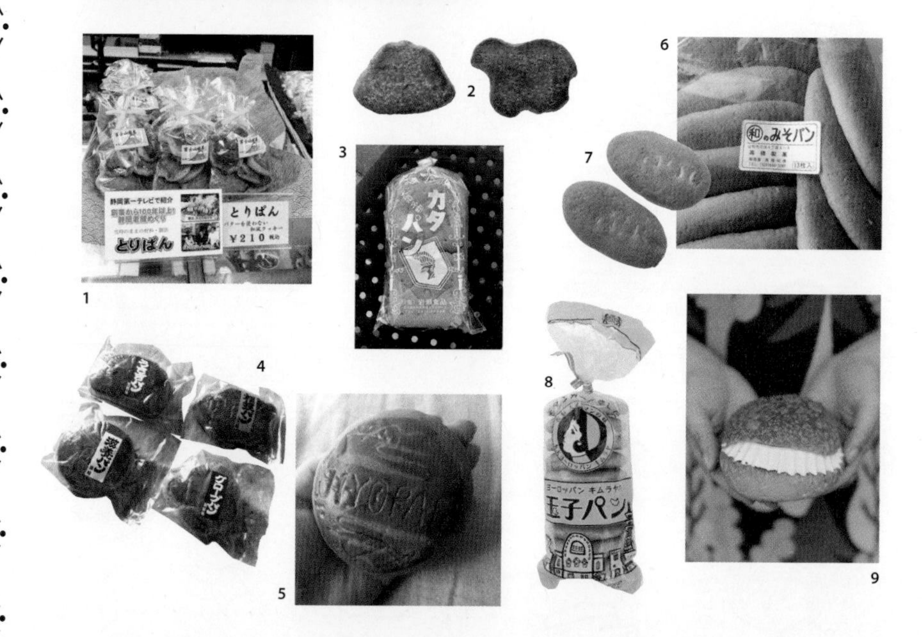

1 · 2/시즈오카현 요시와라시에서 에도시대에 개업한 '난가쿠도'. 밀가루, 설탕, 달걀, 탄산수소나트륨을 사용한 일본식 쿠키 '도리빵'. 3/나고야시 오스의 명물인 '이와세식품'의 '가타빵'. 4 · 5/후쿠시마현 아이즈다가시의 노포 '혼케나가토야'에서 메이지~다이쇼시대에 만들어진 외래빵 '자양빵'을 그대로 재현. 토끼, 글로브, 스모선수 등 아이들이 좋아하는 모양을 한 이 빵들은 된장, 흑당, 깨 등 맛도 다르다. 6 · 7/야마가타에서 구한 된장 맛 쿠키 '다카하시제과'의 된장빵. MISO 각인을 넣어 세련된 모양으로 만들었다. 8/다이쇼시대에 유행했던 달걀빵. 후쿠이현 '유럽빵 기무라야'에서는 1927년 개업 시부터 만들어지고 있다. 9/나가노현 시모스와마치 '산코제과'의 '바바루아빵'. 이름처럼 바바루아(무스와 푸딩 사이 식감인 디저트)를 그대로 빵 사이에 넣었다. 40년 넘게 사랑받고 있다.

※ Column ①~⑤는 저자가 실제 여행지에서 방문해 맛본 빵과 가게의 모습을 남긴 당시 기록을 바탕으로 작성한 취재기입니다.

기무라야 총본점이 주종 발효균으로 발효시킨 반죽을 사용한 단팥빵을, 다이쇼시대에 마루주빵집이 이스트를 활용한 제빵 기술을 개발하기까지 일본인에게 폭신한 빵의 이미지는 없었다. 대신 밀가루를 사용해 만든 과자에 세련된 이미지를 더해 '○○빵'이라는 이름을 붙이는 가게가 많았다. 노포 과자점에서 빵 이름을 가진 과자를 찾아볼 수 있는 것도 그 영향이다. 또 빵도 서양과자도 모두 화덕을 사용해 만들기 때문에 메이지부터 쇼와 초기에 개업한 역사 있는 가게일수록 빵집이 과자도 만들고, 과자가게가 빵도 만드는 일이 자주 있었다.

일본의 빵과 과자는 역사를 같이하기도 하면서 함께 발전해온 친척 같은 관계다. 빵인지 과자인지 경계가 모호한 제품을 만드는 가게 중에 노포가 많은 것도 이유가 있다. 그 제품의 탄생 이야기를 더듬어 가다 보면 지역의 풍습까지도 엿볼 수 있기에 빵과 과자 여행을 또 떠나고 싶어진다.

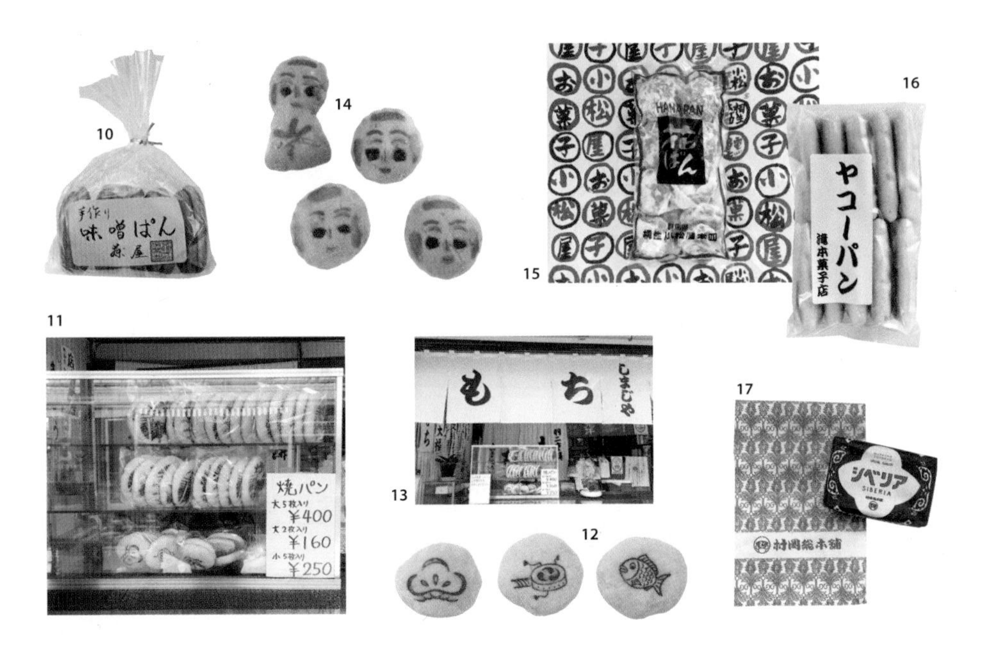

10/군마현 기류시 '후지야'의 된장빵. 된장뿐 아니라 간장도 조금 넣는다. 11–13/제사나 운동회를 마치면 일본식 쿠키인 '가타빵'을 나눠주는 풍습이 있는 미에현 이세시. '시마지야모치텐'의 '야키빵'도 가타빵의 일종. 14/미야기현 이시노마키시 '가사야과자점'의 '목각인형된장빵'. 메이지시대부터 만들어지고 있는 된장빵을 목각인형 모양으로. 15/군마현 기류시의 과자점 몇 군데에서 만드는 꽃빵. 기류텐만구 신사의 매화 모양을 본뜬 반죽에 설탕 시럽을 뿌린 과자. 에도시대부터 만들어오고 있다. '고마쓰야'에는 그밖에 초코꽃빵도 있다. 16/니가타현 조에쓰시에서 1939년 이전부터 만들어지고 있는 '야광빵'. 원재료는 밀가루, 달걀, 설탕 단 세 가지. 네모난 반죽을 동판에서 구운 다음 설탕 시럽에 묻히므로 표면에 붙은 설탕 결정이 반짝반짝 빛난다. '다키모토과자점'의 제품. 17/사가현 명물 오기양갱의 노포 '무라오카소혼포'가 만드는 '시베리아'. 카스텔라, 직접 만든 팥앙금, 양갱이 다섯 개 층을 이루고 있다.

18/오키나와 온나손 '미쓰야혼포'의 '블루스'. 한정 수량으로 제조되기 때문에 환상의 맛이라고 불린다. 커스터드 맛 케이크로 빵처럼 먹기도 한다. **19**/나가노현 스와호로 날아오는 오리와 원앙의 모습을 본떠 만든 '세이료켄 총본점'의 '새빵'. 2대 점주가 빵으로 고안한 것을 3대 점주가 화과자와 만주과자로 개량했다. **20**/이동식 빵집 '오카다의 팡주'를 찾아가기 위해 도치기현 아시카가시로 향했지만, 비 소식으로 임시 휴업. 반구형 밀가루 반죽 속에 고운 팥앙금이 든 팡주를 꼭 다시 맛보고 싶다. **21**/니가타현 나가오카시의 화과자와 아이스크림을 만드는 '가와니시야'에서 '간장빵'을 만났다. **22**/후쿠오카현 기타큐슈시에서 아침 5시부터 문을 여는 '도라야의 빵'. 명물인 앙도넛과 링도넛을 샀다. **23**/후쿠시마현 오노마치의 '오기야과자점'의 명물 '설탕빵'. 고운 팥앙금이 든 빵에 설탕을 묻힌 과자. 아쉽게도 품절이라 다음을 기약했다. **24**/나고야시 '하나키쿄'의 '앙토스트모나카'. 식빵 모양의 모나카에 팥앙금을 올려 맛보는 과자. **25**/나가사키시 신카미고토초 '이치카와상회'의 과자빵 '구운 사과'. 붓세 반죽으로 사과 과육이 든 버터크림을 감쌌다. **26**/후쿠오카현 기타큐슈시에서 50년 넘게 사랑받고 있는 '라이온스베이커리'의 베이비 도넛 '제트 도넛'. **27**/오이타 '셸블루제과'의 '서핑'. 크림빵을 물양갱으로 감싼 차가운 빵이다. **28**/와카야마현 다나베시 '과장(菓匠)니노미야'의 '미나카타쿠마구스만주'. 단팥빵을 좋아하는 구마구스를 표현했다. 단팥빵과 같은 반죽에 고운 팥앙금과 백앙금을 섞은 지도리앙을 넣었다. **29 · 30**/후쿠시마현 오노마치 '스스무스토어'의 명물이었던 '아이스버거'. 폐업 직전에 방문해 30년 이상 사랑받아온 맛을 즐길 수 있었다. **31**/나고야시 '요시노야제과'의 '라인케이크'. 밀가루, 달걀, 꿀 등이 재료이며 독특한 식감이 특징. 한 친구는 어릴 적 먹던 간식이라고 한다. **32 · 33**/교토시 후시미구의 '에펠 본점'. 명물 '네오쇼콜라'는 초코 휘핑크림을 넣어 얼린 아이스빵이다. **34**/센다이시의 다가시(막과자) 노포 '이시바시야'에서 맛 본 '된장빵'과 '검은빵'.

제3장

과자 같은 빵, 빵 같은 과자

일본의 독자적인 빵인 '과자빵'. 1939년 이전부터 일본사람들이 좋아하고, 일상에서 즐겨 먹는 과자 같은 달콤한 빵과, 빵이라는 이름이 붙은 간식을 소개한다.

카스텔라빵

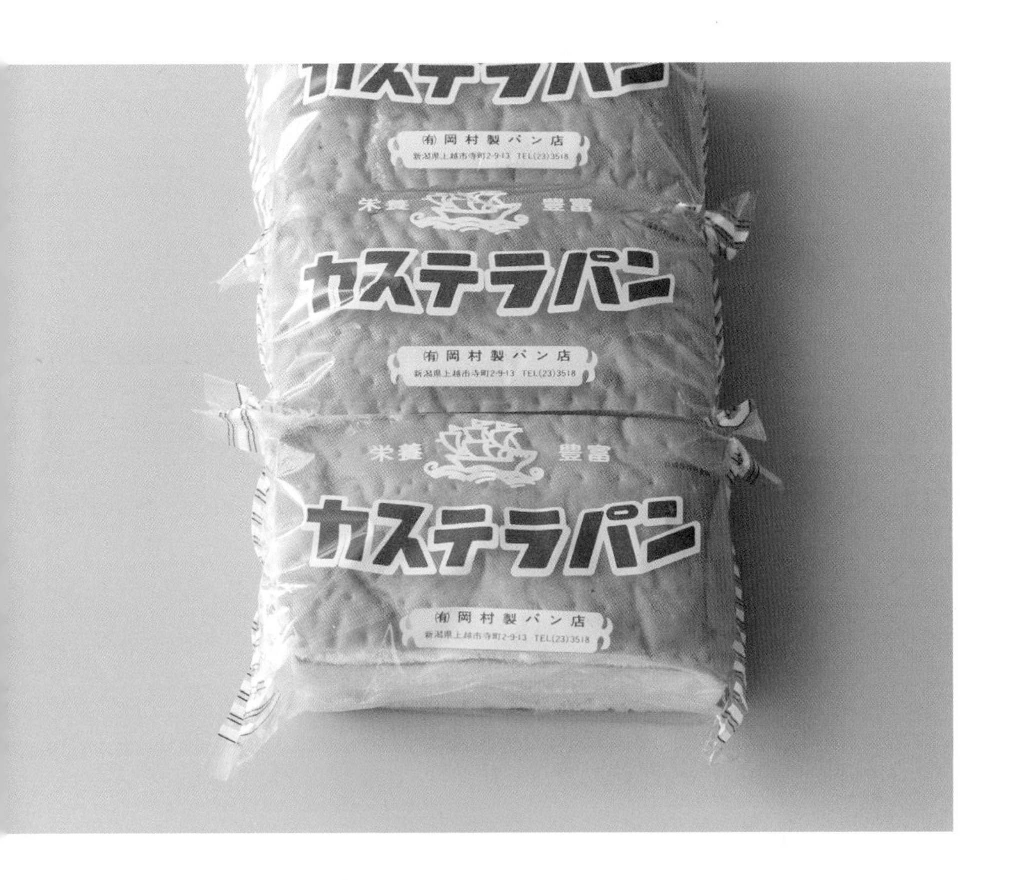

왼쪽 페이지

카스텔라빵

이마미야빵집/이바라키

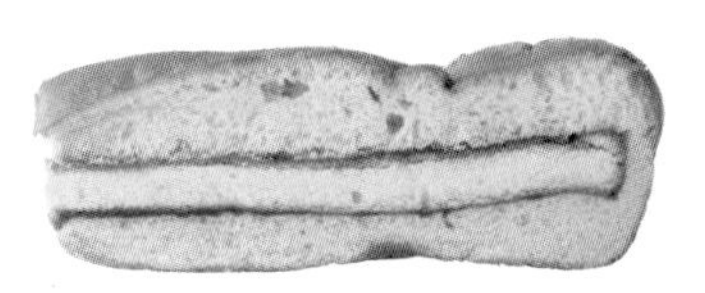

중종법으로 만든 과자빵 반죽 사이에 수제 카스텔라와 딸기잼을 넣었다. 60년 전 판매 당시부터 현지 고등학교매점에서 판매했다. 게이오시대에 과자점으로 개업해 1914년부터 빵을 제조하는 노포로, 카스텔라빵은 이곳에서 가장 인기 있는 메뉴다.

위

카스텔라빵

오카무라제빵점/니가타

1927년에 개업한 빵집. 현지 조에쓰시에서는 '오카빵'이라는 애칭으로 사랑받고 있다. 폭신하게 구운 빵 반죽 사이에 두툼하게 썬 촉촉한 식감의 카스텔라와 은은한 단맛이 나는 크림을 넣었다. 하나만 먹어도 배가 든든하다.

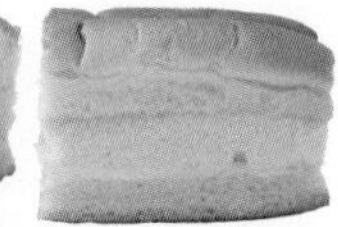

카스텔라샌드

나카가와제빵소/니가타

사도시를 여행하던 도중 페리 터미널에서 만난 빵. 카스텔라빵은 50년 전부터 사도 지역의 빵집에서 꾸준히 만들어지고 있다고 한다. 달콤한 과자빵 반죽 사이에 크림과 카스텔라를 채워 네모나게 잘랐다.

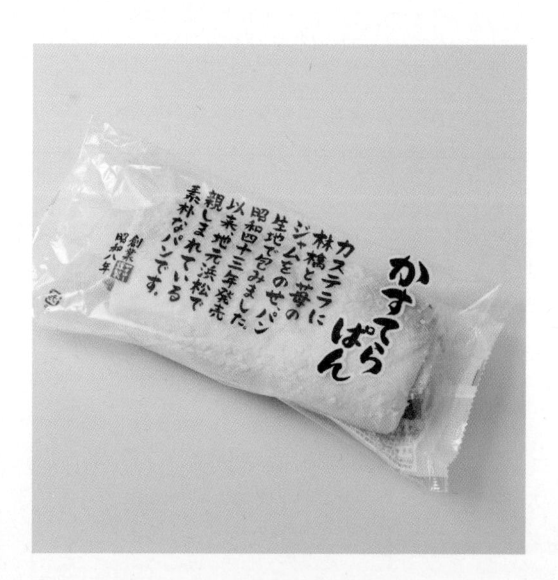

카스텔라빵

야타로/시즈오카

1933년 나카무라토키상점으로 빵 · 과자의 제조, 판매를 시작했고, 지금은 바움쿠헨 브랜드 '지이치로'도 출시한 식품 제조 회사 야타로의 인기 빵. '야타로공장직판장'이나 하마마쓰시 주변, 간토 지역 슈퍼 등에서 구입할 수 있다.

카스텔라빵

나카무라야빵집/나가노

식빵 반죽을 사용해 구워낸 폭신폭신하고 부드러운 풍미의 우유빵 사이에 달콤한 카스텔라를 넣은 빵. 1953년, 앞으로는 빵의 시대라며 빵집을 시작한 초대 점주 때부터 꾸준히 사랑받고 있는 과자빵이다.

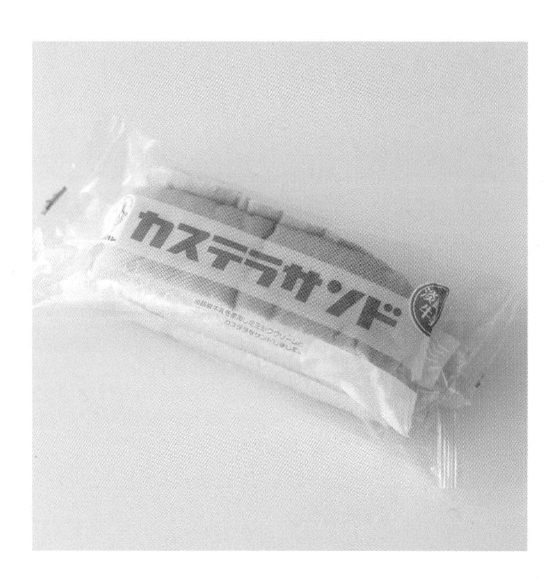

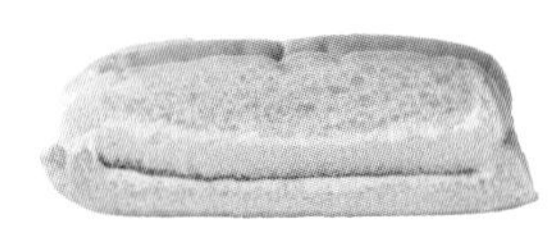

긴키빵 카스텔라샌드

오이시스/효고

오이시스의 전신 '긴키식품공업주식회사'가 세워진 때는 1948년. 당시부터 '긴키빵'으로 사랑받았으며 지금도 브랜드로 계승하고 있다. 크림과 카스텔라를 부드러운 빵으로 감싼 카스텔라빵은 1975년 초반에 개발되었다.

위

카스텔라빵

기무라야/이바라키

과자빵 반죽 사이에 카스텔라와 버터크림을 넣고 네모나게 잘랐다. 1953년 히타치시 시내의 고등학교에서 판매하기 전, 학생들이 만족할만한 푸짐한 빵을 선대가 고안했다. 1939년에 문을 열었다. ※ 현재는 폐업

왼쪽

카스텔라빵

기무라야제빵/지바

학교급식용 빵과 선물용 과자 등을 만드는 빵집. 천연효모와 해양효모로 발효시킨 과자빵 반죽에 딸기와 사과로 만든 새콤달콤한 특제 믹스잼, 폭신폭신한 카스텔라를 넣고 철판 한 장으로 구워낸 다음 삼각형으로 자른다.

비타민카스텔라
다카하시제과/홋카이도

밀, 달걀, 꿀, 비타민 B1 · B2 등의 재료를 사용한 빵으로, 식량난 시기였던 1921년 무렵에 탄생했다. 영양이 높으며 오래 두고 먹을 수 있도록 적은 수분량으로 고안했다. 하나에 110엔(부가세 별도)이라는 저렴한 가격으로 슈퍼와 편의점에서 판매한다.

양갱빵

비취빵

시미즈제빵/도야마

창업자는 전직 교사로, 건강한 아이들을 키우고 싶다는 마음에서 1949년에 빵집을 차렸다. 물자가 부족했던 1955년 무렵, 단팥빵의 눌은 부분을 가리기 위해 옆에 있던 양갱을 바른 것을 계기로 우연히 완성했다. 빵 이름은 도야마의 비취 해변에서 따왔다.

래빗빵
이케다빵/가고시마

백앙금 단팥빵과 양갱을 조합한 빵. 이름의 유래는 빵을 달로 보고 보름달 토끼를 연상했기 때문이라거나, 검고 매끈매끈한 모습이 검은 토끼의 꼬리를 닮았기 때문이라는 설이 있다. 1957년에 출시한 빵을 그대로 재현한 복각판 제품으로, 10~4월 기간 한정으로 판매한다.

양갱빵
가루와달걀공방 후지제빵/시즈오카

1935년에 과자점으로 개업. 아직 부재료가 풍부하지 않았던 쇼와 30년대에 값이 비쌌던 초콜릿의 대체품으로 탄생했다고도 한다. 통팥 앙금을 넣은 단팥빵에 양갱을 입히고 바닐라크림을 토핑했다.

선스네이크
야마자키제빵/홋카이도

양갱빵은 홋카이도에서 대중적인 과자빵이다. 선스네이크는 대표적인 양갱빵 중의 하나로, 꽈배기 모양으로 만든 빵에 우유크림을 바르고 양갱으로 코팅했다. 일본 전국구 제빵회사에서 홋카이도 한정 상품으로 출시한 제품이다.

양갱트위스트
양갱빵(휘핑&커스터드)
세이코마트/홋카이도

휘핑크림과 커스터드크림을 짜 넣은 빵에 양갱을 입힌 '양갱빵'. 휘핑크림을 넣은 트위스트빵에 양갱을 입힌 '양갱트위스트'. 홋카이도를 대표하는 편의점에서 쉽게 찾아볼 수 있는 제품이다.

※홋카이도 매장에서만 판매

양갱빵

히시다베이커리/고치

창업자는 제2차 세계대전 후 포목점에서 빵집으로 전환했다. 1965년 무렵 유치원용 홍백만주 (붉은색과 흰색이 한 세트인 만주. 입학식, 출산 등 축하 선물로 사용됨)에 양갱으로 '축'이라는 글자를 넣었는데, 이때 남은 양갱을 단팥빵에 입혔고 이것이 양갱빵이 탄생한 계기다. 양갱이 빵의 푸석함을 줄여주는 효과도 있다.

시베리아빵

시베리아

고라쿠야/아이치

신선한 현지 달걀을 사용한 카스텔라 사이에 '아와유키'를 넣었다. 제빵 기술을 배우던 선대가 당시에 익힌 맛을 응용해 독자적인 맛을 만들었고, 이를 두 딸이 계승하고 있다. 점포는 없고 미치노에키 '후지카와주쿠'에서 판매한다.

※ 현재는 폐업

※ 아와유키: 양갱의 일종으로, 한천에 물과 설탕을 넣고 졸인 후 거품을 낸 달걀흰자를 추가해 굳힌 것.

시베리아

코티베이커리/가나가와

1916년 개업 당시부터 만들고 있는 메이지시대에 탄생한 시베리아. 옛날에는 어느 빵집에서나 빵 화덕의 잔열로 구운 카스텔라와 단팥빵의 팥소를 사용해 만들었다고 한다. 매끈매끈한 양갱과 폭신한 카스텔라가 절묘한 조화를 이룬다.

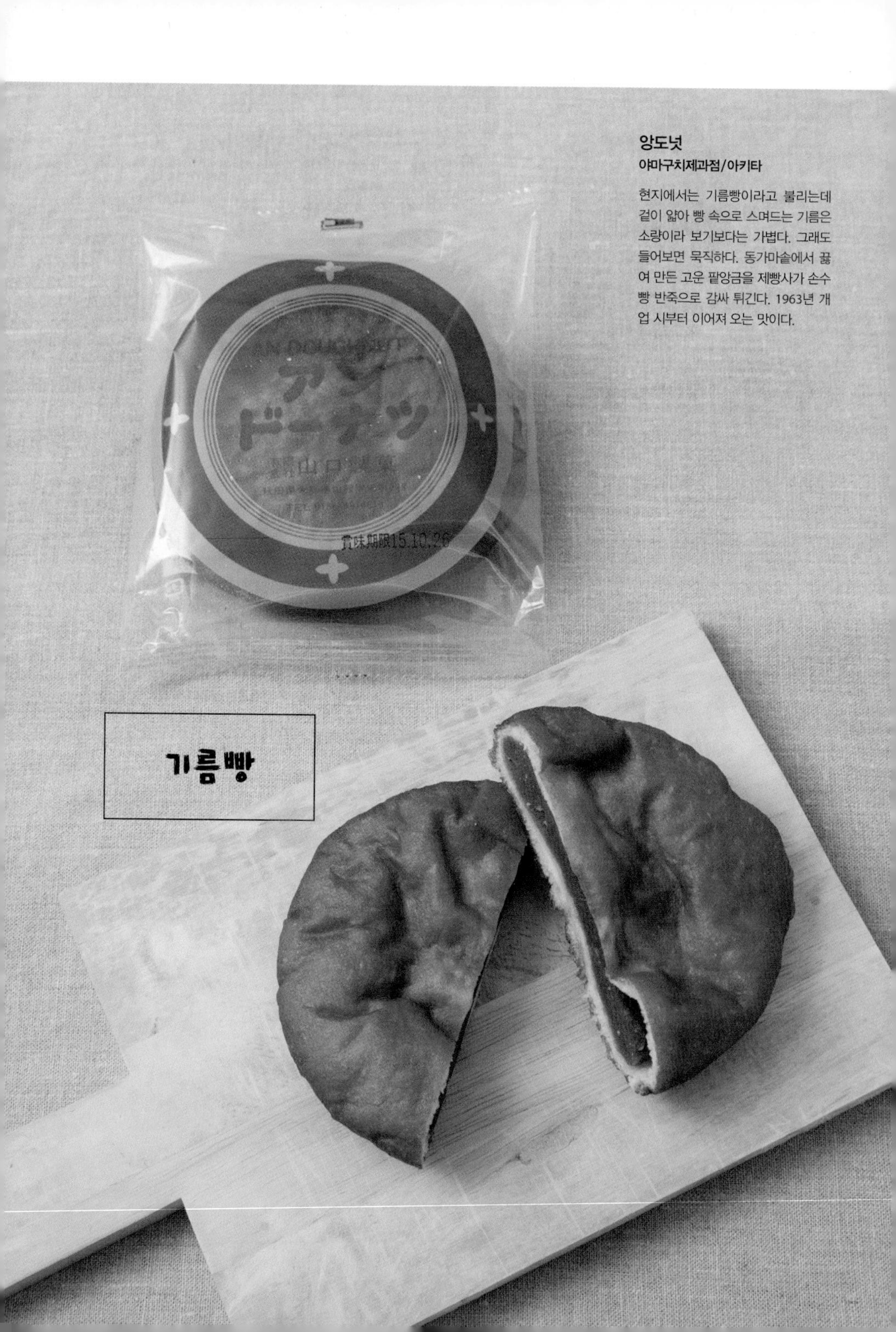

앙도넛

야마구치제과점/아키타

현지에서는 기름빵이라고 불리는데 겉이 얇아 빵 속으로 스며드는 기름은 소량이라 보기보다는 가볍다. 그래도 들어보면 묵직하다. 동가마솥에서 끓여 만든 고운 팥앙금을 제빵사가 손수 빵 반죽으로 감싸 튀긴다. 1963년 개업 시부터 이어져 오는 맛이다.

기름빵

위

앙도넛

나카야/아이치

1936년 과자점으로 개업한 노포의 명물. 주종으로 장시간 발효시킨 반죽에 물엿을 추가함으로써 빵의 노화를 늦추고 고소하고 쫄깃하게 만든다. 빵 속에는 고운 팥앙금이 들었다. 마지막으로 시나몬 설탕을 뿌려 완성한다.

왼쪽

기름빵

기요카와제과제빵점(기요카와제빵)/후쿠시마

고운 팥앙금이 든 빵을 기름에 바싹 튀긴 빵. 겉은 바삭하고 속은 쫀득하다. 단 것은 싫어하지만 기름빵은 무척 좋아한다는 남성팬도 많다. 이름에서 연상되는 이미지와는 달리 뒷맛이 담백하다.

가타빵

가타빵

다루마야/후쿠이

밀가루, 팽창제, 설탕, 소금을 넣은 반죽을 철판에 딱딱하게 구운 다음 파래가루를 뿌린다. 1947년 개업 시부터 한 장 한 장 직접 굽는 방식을 고수하고 있다. 이가류(지금의 미에현 서부인 이가국을 중심으로 발달한 닌자 유파의 총칭) 닌자의 비상식 가타야키(일본에서 가장 딱딱한 센베이) 제조법에서 유래했다고 전해진다.

야키빵

시마지야모치텐/미에

재료는 박력분, 설탕, 팽창제로 단순하다. 다이쇼시대부터 야키빵을 만들던 친척이 은퇴할 때 제조법을 이어받았다. 빵에 새겨진 그림은 이세신궁정궁 이외에도 여러 종류가 있다. 옛날에는 이세에서 건국 기념일을 축하할 때 아이들에게 이 빵을 나눠주었다고 한다.

구로가네 카타빵
스피나/후쿠오카

1920년, 밤낮으로 땀흘려 일하는 종업원들의 영양을 보충할 목적으로 관영야하타제철소에서 만들었다. 구로가네란 철을 의미한다. 장기간 보존할 수 있도록 수분을 최대한 줄였더니 철처럼 딱딱한 빵이 만들어졌다.

군대 가타빵
유럽빵 기무라야/후쿠이

초대 점주는 도쿄 기무라야에서, 2대 점주는 유럽에서 빵 기술을 배웠다. 일본의 소설가 시바 료타로도 찬사를 보낸 1927년 개업의 빵집. 육군 지정 빵집으로 제조하던 군량을 그대로 재현한 복각판 제품. 현재는 3대 점주가 조부와 부친이 전쟁 중에 느꼈을 심정과 경험을 계승하며 만들고 있다.

다양한 과자빵

비스킷

다케야제빵/아키타

비스킷 반죽을 접어 트위스트 모양으로 구운 달콤한 데니시빵. 이름에서 떠올리는 이미지보다 훨씬 부드러워 먹기 편하다. 1970년대에 탄생했으며,당시 60엔이라는 저렴한 가격에 맛도 있어 인기를 끌었다.

콧페빵 러스크

미요시노과자점/이바라키

50년 넘게 간판 상품인 콧페빵을 바삭하고 가벼운 러스크로 만들었다. 콧페빵은 첨가물을 사용하지 않았기 때문에 구입 당일에 먹어야 하지만, 러스크라면 보관 기간이 길어 선물용으로도 적합하다. 탄 맛 풍미의 버터와 설탕이 듬뿍 들었다.

회오리빵

후지제과제빵/오키나와

약 50년 전, 물자가 풍족하지 않았던 시대에 탄생했다. 납작하게 구운 빵 반죽에 바삭한 식감의 설탕이 든 크림을 바르고, 둥글게 말아 잘랐다. 오래 보관할 수 있어 선물용으로도 적합한 '회오리러스크'도 만들고 있다.

과일빵

빵공방카기세이/후쿠시마

1916년에 과자점으로 개업. 지금으로부터 50년도 전에, 바나나 등의 생과일이 비싸고 생크림도 드물었던 시기에 고안했다. 둥그런 빵 사이에 단맛을 줄인 버터크림과 다채로운 색깔의 과일 젤리를 넣었다.

위

구운 사과
빵노이에/나가사키

1960년 무렵, 붓세 반죽 사이에 버터크림을 바른 '구운 사과'를 고안한 것은 나가사키의 '도요켄'. 원조 가게인 도요켄이 폐점할 때 '빵노이에'가 제조법을 계승했다. 꿀이 들어간 반죽 사이에 버터크림과 사과 설탕 절임을 넣었다.

아래

애플링
다이이치야제빵/도쿄

촉촉하고 폭신폭신한 빵 반죽에 달콤하게 졸인 아삭한 식감의 사과를 넣어 주먹 크기로 만든다. 그런 다음 여섯 개를 하나의 링 형태로 연결해 아이싱을 듬뿍 바른다. 1982년 가족이 사이좋게 나눠 먹을 수 있는 대형 과자빵을 만들기 위해 개발했다.

웨하스빵

하치라쿠제빵/아이치

수제 버터크림을 바른 부드럽고 폭신한 빵을 분홍색과 녹색 웨이퍼 사이에 끼운 빵. 1957년 출시 무렵, 시중에 나오기 시작했던 과자 웨이퍼와 조합한 것으로 호평을 얻었다.

소문의 푸딩빵

고게쓰도/후쿠시마

개업 100년이 넘은 노포의 간판 메뉴. 빵과 카스텔라가 두 층으로 이루어져 있으며, 가운데에는 직접 만든 푸딩을 올리고 크림으로 장식했다. 약 40년 전 현지 고등학교의 매점에서 판매할 당시 학생들이 '소문의 푸딩빵'이라는 이름으로 부르기 시작했다.

위

복각판 덴마크롤
복각판 데니시롤

다카키베이커리/히로시마

1959년 창업자가 덴마크에서 먹은 데니시 페이스트리의 맛에 감동해 일본에서 처음으로 출시했다. 녹인 버터를 바른 반죽을 회오리 모양으로 만들어 설탕 시럽을 입힌 '덴마크롤'은 결과적으로 덴마크에서 맛본 페이스트리와는 달랐지만, 널리 사랑받게 되었다. 그 후에 완성된 '데니시롤'은 사과잼과 설탕에 절인 일본산 사과를 반죽에 넣어 만들어 촉촉한 식감을 자랑한다. 두 제품 모두 복각판.

아래

케이크빵

이케다야과자점/이바라키

1945년에 개업. 양과자점이 지금처럼 많지 않던 시절, 빵으로 케이크를 재현하고자 고안한 빵. 빵 중앙에는 설탕 알갱이가 톡톡 씹히는 버터크림과 딸기잼이 들었다. 셔벗빵이라고도 불린다.

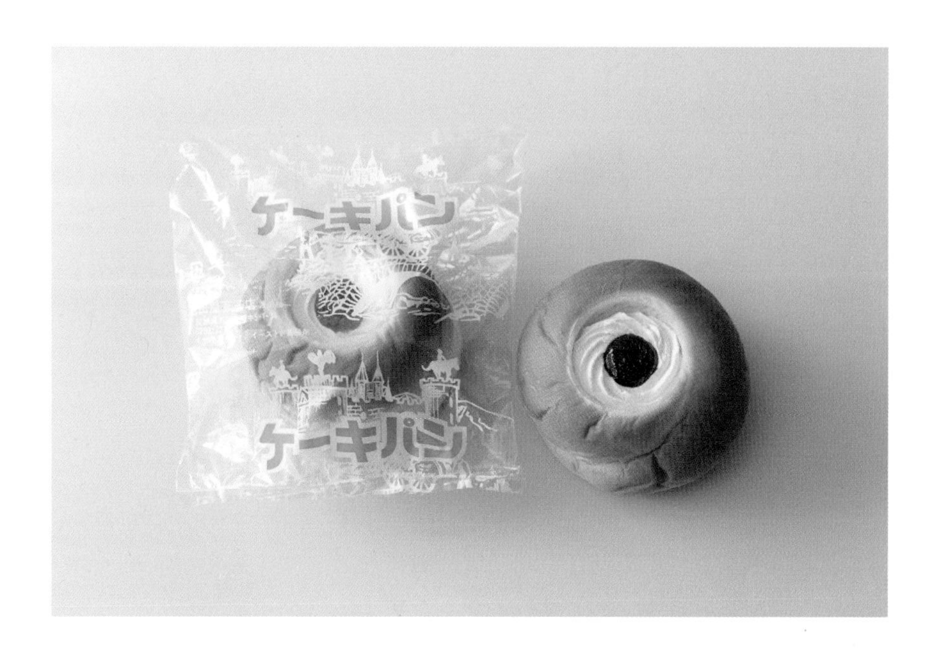

위

히비와레볼

프레센테/지바

지바대학 근처에 자리하고 있어 학생들에게도 사랑받는 빵집의 인기 메뉴. '히비와레(금이 감)'라고 불리는 빵 표면은 바삭하고, '볼'을 나타내는 빵 속은 푹신해 신기한 식감을 느낄 수 있다. 백앙금을 감싼 빵에 비스킷 반죽을 입혀 구워낸다.

아래

러스크

가메이도/돗토리

한입 크기의 식빵 테두리를 설탕 시럽에 묻혀 구워, 씹는 맛이 있는 러스크. 러스크용으로 잘라낼 수 있는 식빵 테두리는 하나의 식빵에서 양끝 두 장뿐이라 주 2회 한정 생산한다. 물방울 무늬가 들어간 봉지도 사랑스럽다.

서핑

시로야/후쿠오카

1950년에 개업한 양과자와 빵을 만드는 가게. 서핑은 촉촉한 식빵 사이에 부드러운 식감의 쿠헨을 끼운, 다른 곳에서는 볼 수 없는 샌드위치다. 이제껏 느껴보지 못한 매우 폭신한 식감을 즐길 수 있다. 1985년 무렵부터 판매하고 있다.

로바노빵

로바노빵 사카모토/도쿠시마

쇼와초기, 일본 전국 체인점으로 전개된 로바노빵 브랜드. 달걀, 우유, 첨가물을 최대한 사용하지 않는 옛날 그대로의 제조법으로 20종류 이상의 찐빵을 만든다. 온라인으로도 판매하는 한편 이동차로 도쿠시마, 가가와, 에히메 지역을 돌며 판매한다.

빵 같은 간식

기요메빵

기요메모치 총본가/아이치

1935년 문을 연 화 · 양과자점. 설탕을 구하기 어려웠던 1945년 이후부터 1959년 무렵까지 학교 급식용 빵을 제조했다. '기요메빵'이라는 이름으로 복각판을 만들 당시 화과자점의 특성을 살려, 쫄깃한 반죽으로 통팥을 감싸 만주처럼 완성했다.

꽃빵

고마쓰야/군마

엄선한 밀가루와 신선한 달걀을 반죽해 굽고 꿀을 바른, 부드럽고 은은한 단맛이 나는 구운 과자. 겉은 바삭하고 속은 촉촉하다. 1896년 문을 연 화과자점의 명과. 기류텐만구의 매화를 본뜬 모양으로, 학업이나 건강을 기원하며 만든다.

팡주

구와타야/홋카이도

빵이 고가였던 메이지시대에 오타루에서 탄생한 적당한 가격의 제품. 빵 껍질 같은 반원형의 만주다. 바삭바삭한 식감으로 구워낸 얇은 밀가루 반죽 속에 통팥앙금과 고운 팥앙금 등 다양한 재료가 듬뿍 들었다.

위

나뭇잎빵

야마구치제과점/지바

옛날부터 현지에 전해지는, 밀가루에 설탕을 섞어 탄산수소나트륨으로 부풀린 소박한 구운 과자. 조시 지역과 인연이 있는 일본의 시인 다케히사 유메지의 동화에도 등장한다. 시대의 흐름과 함께 달걀, 유지, 꿀, 물엿 등이 더해지며 식감도 부드럽게 변화하고 있다.

아래

팡주

쇼후쿠야/홋카이도

다이쇼시대부터 이어져 오고 있는 포장마차 느낌의 가게. 탄광과 항만노동자들의 간식으로 확산된 오타루 명물을 계승하는 맛이다. 반원형의 쫀득한 빵 반죽 속에 통팥앙금, 고운 팥앙금, 크림이 가득 들었다. 긴 줄이 생길 정도로 인기다.

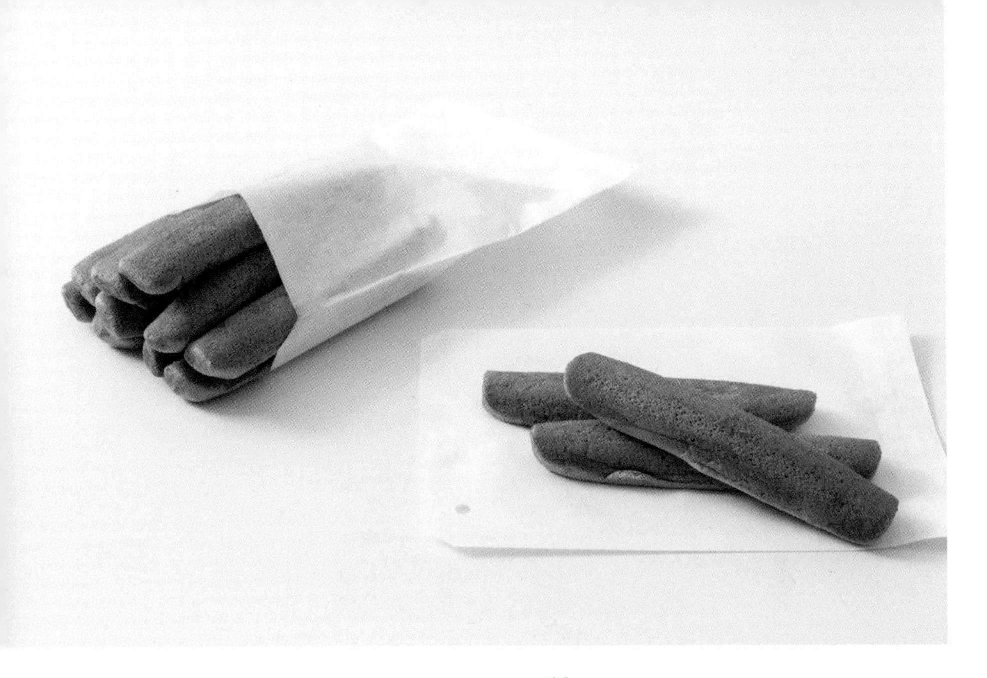

위

폿포야키(증기빵)

고마치야/니가타

박력분에 흑설탕, 탄산, 명반, 물을 넣고 증기가 나오는 기계로 굽는, 빵처럼 쫄깃한 과자. 니가타 가에쓰 지역의 포장마차에서 기본으로 취급하는 빵으로, 줄이 생길 정도로 인기. 메이지 후기에 현지 주민을 위한 과자로 고안되었다고 전해진다.

아래

아마쇼쿠

야마구치제과점/지바

'달콤한 식사빵(아마이쇼쿠지팡甘い食事パン)'의 줄임말인 아마쇼쿠는 메이지시대부터 사랑받는 원추형의 구운 과자다. 1914년 개업 당시부터 아마쇼쿠를 만들고 있는 야마구치제과점에서는 물을 사용하지 않고 신선한 달걀만으로 밀가루를 반죽해 촉촉하고 깊이 있는 맛을 낸다.

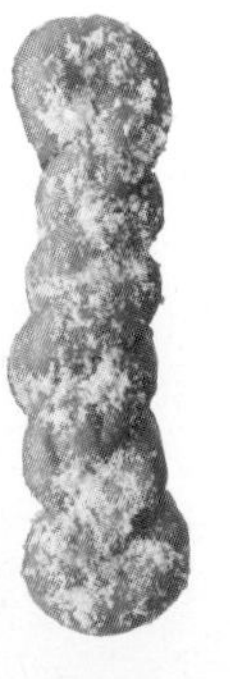

도넛

왼쪽 위

맨해튼
료유빵/후쿠오카

규슈의 소울 푸드. 빵 반죽과 비스킷 반죽, 두 개의 층으로 이루어진 다소 딱딱한 반죽에 초콜릿을 코팅했다. 바삭한 식감에 씹는 맛이 좋으며 하나만 먹어도 포만감이 있다.

가운데 위

꽈배기빵
스미다제빵소/히로시마

직접 블렌딩한 효모로 발효시킨 반죽을 꼬아 튀긴 빵. 쫄깃한 식감으로 씹는 맛이 있다. 씹으면 사각사각 소리가 나는 백설탕을 뿌려 옛날 방식 그대로 만든다.

오른쪽 위

앙도넛
하바제과/도야마

쫄깃한 반죽 속에는 팥 알갱이의 식감과 부드러운 단맛을 즐길 수 있는 직접 만든 통팥 앙금이 들었다. 고카야마에서 40년 넘게 사랑받고 있는 빵. 복고풍 패키지를 좋아하는 팬도 많다.

가운데

크림앙도넛
와라쿠도/홋카이도

폭신한 반죽 사이에 부드러운 고운 팥앙금과 홋카이도산 생크림을 사용한 휘핑크림을 듬뿍 넣었다. 양이 많지만, 뒷맛이 담백해 금세 한 개를 먹어 치우게 된다.

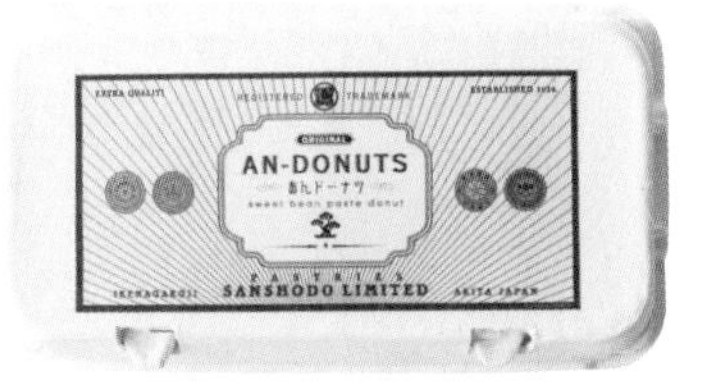

앙도넛
산쇼도/아키타

달걀 포장 상자에 달걀 모양의 앙도넛이 들었다. 빵 부피의 70% 가까이 고운 팥앙금이 가득 들은 것이 특징. 앙금의 단맛 속에 화과자점에서만 맛볼 수 있는 깊이가 느껴진다.

프라이케이크
후쿠즈미프라이케이크/히로시마

미국에서 빵을 공부하고 돌아온 빵 장인에게 제빵 기술을 배운 메이지 시대 출생의 초대 점주가 1947년에 개업했다. 유채씨 기름으로 튀기기 때문에 반죽이 기름을 지나치게 흡수하지 않고 바싹 튀겨진다. 빵 속의 고운 팥앙금도 담백하다.

왼쪽 페이지 왼쪽 아래

베이비앙도넛
산케이상사/사이타마

1963년 개업 시부터 꾸준히 앙도넛을 만들고 있다. 지름 2cm 정도인 한입 크기의 도넛은 40년 이상에 걸쳐 완성된 것으로, 바삭한 반죽과 고운 팥앙금의 절묘한 밸런스가 특징이다.

왼쪽 페이지 가운데 아래

쓰키사무도넛
쓰키사무단팥빵혼포 혼마/홋카이도

1955년 무렵에는 반죽을 손으로 감싸 커다란 냄비에서 튀겼다고 한다. 기계를 도입한 지금도 레시피는 이곳만의 배합을 고수하고 있다.

왼쪽 페이지 오른쪽 가운데

허니도넛
론팔/오사카

1971년 개업한 빵집으로 50년 가까이 사랑받고 있다. 미타라시당고에서 아이디어를 얻어 갓 튀긴 빵에 꿀을 듬뿍 입혔다. 시간이 지남에 따라 꿀이 빵에 스며들어 맛이 깊어진다.

왼쪽 페이지 오른쪽 아래

아메리칸도넛
아사히도/홋카이도

도카치의 우유와 달걀을 사용한 반달 모양의 튀김빵 안에는 직접 만든 커스터드크림을 넣었다. 매장에 가면 앙금, 앙금볼, 초코, 생크림, 단호박앙금, 트위스트, 커스터드 맛이 진열되어 있다.

추억을 싸는 빵 포장지 ❶

(종이봉투, 비닐 봉지, 포장지)

빵의 추억과 함께 평생 소중하게 간직하고 싶은 빵 봉투와 봉지, 포장지들. 빵 패키지에서도 가게에 얽힌 이야기를 엿볼 수 있다.

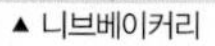

▲ 니브베이커리

▲ 빵노이에

▲ 카틀레아양과자점

▲ 우메하라제빵

▲ 고베베이커리 미즈키로드점

▲ 다카세

▲ 도쿄도빵

▲ 유럽빵 기무라야

▲ 케이크숍데라사와

▲ 본.센가

▲ 고베베이커리 미즈키로드점

▲ 쇼난도

▲ 샌드위치팔러 · 마쓰무라

Report

현지 빵 기행

– 요코스카 편 –

오래전부터 빵 문화가 뿌리내린
해군도시 요코스카.
이곳에서 꾸준히 사랑받고 있는
소울 푸드를 맛보러 간다.

에도시대 후기, 프랑스인 기술자의 지원을 받아 근대적 조선소인 요코스카제철소가 요코스카에 건설되었다. 그리고 이때 동행했던 요리사로부터 유럽식 빵이 전해졌다. 그 후에 해군이 각기병 예방을 위해 빵을 주식으로 하는 식단을 도입했고, 메이지시대에 들어서는 빵과 함께 화 · 양과자를 만드는 가게가 잇따라 문을 열었다. 빵뿐만 아니라 카스텔라나 시베리아 등도 활발하게 제조되었다고 한다. 지금도 '소프트프랑스'와 '감자칩빵' 등 독자적인 빵 문화가 뿌리내린 요코스카로, 빵 여행을 떠났다.

요코스카의 명물 '감자칩빵'과 식빵이 인기인 '나카이빵집'.

나카이빵집

中井パン店

위 유리 진열장 안에 진열된 빵은 모두 애정을 담아 만들어졌으며 매력적이다.
아래 요코스카의 여러 빵집에서 만드는 '감자칩빵'. 맛을 비교하며 먹는 것도 즐겁다.

위 네모난 식빵과 꽈배기빵 등 대부분은 달걀을 사용하지 않는다.
가운데 매장 바로 뒤에 자리한 활기찬 공장. 계속해서 빵을 굽는다.
아래 2대 점주 나카이 가쓰유키 씨.

1953년에 문을 연 빵집.
최초로 빵에 감자칩을 넣다.

약 60년 전, 2대 점주가 10대였던 시절. 근처에서 과자도매점을 운영하는 주인이 판매용으로 쓸 수 없게 된 깨진 감자칩이 든 커다란 통을 들고, 활용 방법이 없겠느냐며 초대 점주를 찾아왔다. 그래서 감자칩과 생양배추, 데친 당근을 마요네즈로 버무려 소금과 후추로 간을 한 것을 번 모양의 콧페빵 사이에 넣어보았는데 이것이 '감자칩빵'의 시작이다. 감자칩은 옛날부터 김 소금 맛을 기본으로 사용한다. 그 후 감자칩을 취급하는 과자도매점과 지역 빵조합 등의 노력으로 다른 빵집에도 감자칩빵이 확산되었다.

내가 방문한 날은 빵이 전부 예약 판매된 상태였다. '크로켓빵'과 같은 소자이빵도 '꽈배기빵', '세 가닥 꽈배기빵'과 같은 과자빵도 모두 매력적이다. 공장과 매장은 모두 활기가 넘쳤고 빵을 향한 무한한 사랑 또한 느낄 수 있었다.

동네 고등학교에 빵을 납품하는 빵집.
명물은 멜론빵.

1953년에 문을 열었다. 초대 점주는 케이크 장인이었는데, 버터크림을 짜서 만든 장미 장식이 출품회에서 호평을 받자, 가게 이름에 흰 장미(白ばら, '시로바라'라고 읽음)를 넣었다고 한다. 현재 조부와 부친에 이어 3대 점주가 그 맛을 계승하고 있다. 바삭한 비스킷 반죽 속에 촉촉한 백앙금을 넣은 '멜론빵'이 이곳 명물이다. 이밖에 살짝 구워 먹어도 맛있는 식빵, 고운 팥앙금 · 딸기잼 · 크림 세 가지 맛이 모두 들어 있는 '삼색빵'(친척이 만들어준 틀에 넣어 구워낸다), 소보로를 입힌 콧페빵 사이에 밀크크림을 넣은 '엔젤크림' 등 대부분의 빵이 오랜 세월 변함없이 사랑받고 있다. 근처에 있는 현립요코스카고등학교 매점에서도 판매하며, 학생 시절에 먹던 추억의 빵 맛을 그리워하며 이곳을 계속 찾아오는 졸업생들도 있다.

왼쪽 위 유리 진열장 안에 진열된 빵을 대면으로 판매하는 형식.
아래 근처에 있는 요코스카고등학교 매점에서도 판매한다. 가게는 15년 정도 전에 새로 단장했다.

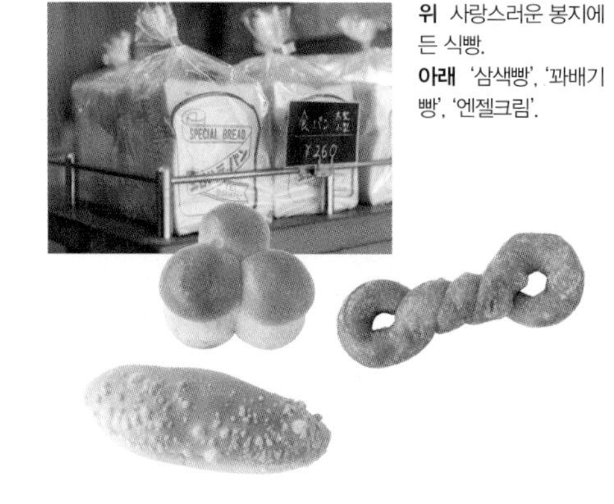

위 사랑스러운 봉지에 든 식빵.
아래 '삼색빵', '꽈배기빵', '엔젤크림'.

白ばらベーカリー

감자칩만 채워 바삭바삭한 식감으로.

초대 점주는 기무라야 총본점에서 빵 기술을 배웠고 1938년에 독립했다. 현재는 2대와 3대 점주가 함께 빵을 제조한다. 새벽 1시부터 빵 만들 준비를 시작하며, 소자이빵에 들어가는 속 재료도 모두 직접 만든다.

50년 전에 초대 점주가 고안한 '감자칩샌드'의 속 재료는 은은한 단맛이 나는 직접 만든 마요네즈에 버무린 연한 소금맛 감자칩이 전부다. 이를 겨자버터를 바른 콧페빵 사이에 넣고 파슬리를 얹었다. 야채가 들어 있지 않아 수분이 적기 때문에 감자칩 특유의 바삭바삭한 식감을 즐길 수 있다. 여름철 우미노이에(해수욕장에 설치된 간이 음식점) 등에서 판매할 때 쉽게 상하지 않게 간단한 재료를 사용했다고 한다.

150년 전에 프랑스인 제빵사로부터 전해진 요코스카 고유의 빵 '소프트프랑스'를 '달콤한프랑스(甘フランス)'라는 이름으로 판매하고 있다.

기타하라제빵소

北原製パン所

위 감자칩빵 속 재료는 마요네즈에 버무린 감자칩이 전부.
왼쪽 아래 감자칩빵은 근처 요코스카 스타디움과 학교 및 병원에서도 판매한다.
오른쪽 아래 감자칩은 칼비(Calbee)의 연한 소금맛을 사용.

위 3대 점주 부부와 이전에 도쿄에서 엔지니어로 일했다는 4대 점주.
왼쪽 가운데 네모난 식빵 봉지는 초대 시절의 디자인 그대로이다.
왼쪽 아래 요코스카의 현지 빵 '소프트프랑스'를 '달콤한프랑스'라는 이름으로 판매한다.
오른쪽 아래 국도 16호선 옆, 육교 바로 아래에 자리한 가게.

위 천막에 적힌 글자 '빵과 케이크'는 옛날에는 케이크도 판매했음을 알려 준다. 가게 뒤에는 큰 공장이 있다.
오른쪽 아래 이곳 감자칩빵의 빵은 달콤하다.

와카후지베이커리

ワカフジベーカリー

위 소자이빵부터 과자빵까지 빵 종류가 풍부하다. 레트로 느낌의 봉지 디자인도 눈길을 끈다.
왼쪽 교자 소에 가까운 재료를 빵 속에 채운 '교자빵'.

'팡주'로 알려진, 양배추가 든 감자칩빵.

1950년, 장사와는 연이 없었던 초대 점주(현재 점주의 조부모)가 큰 결심을 하고 빵집을 개업했다. 초기에는 자전거나 리어카로 빵을 배달했다. 지금은 지역 학교와 구리하마에 있는 군부대에도 빵을 납품해 지역 공통의 맛으로 사랑받고 있다.

살짝 달콤한 빵 반죽에 미우라반도에서 자란 신선한 양배추와 연한 소금맛 감자칩, 특제 마요네즈를 버무려 넣었다. 갓 만든 빵은 감자칩과 양배추를 씹는 맛이 있고, 조금 시간을 두었다 먹으면 속 재료와 빵의 숨이 죽어 부드럽다. 바로 먹는 사람과 두었다 먹는 사람으로 취향이 갈리는 점도 재미있다. 중학교에서 급식 대신 빵을 주문하는 요코스카의 '팡주(빵 주문, パン注)'문화에서도 사랑받았다.

왼쪽 어떤 감자칩이 좋을지 연구한 끝에 고이케야(일본의 과자제조회사)의 연한 소금맛을 사용하고 있다.
오른쪽 위 씹는 맛이 있도록 대충 자른 신선한 양배추에 감자칩을 부드럽게 섞는다. 마지막에는 직접 만든 마요네즈에 버무린다.
아래 감자칩빵은 대체로 오전에 두 차례에 걸쳐 만드는데, 저녁이면 다 팔릴 때가 많다.

요코스카의 역사와 연결되는 원조프랑스빵.

딱딱한 바게트는 에도막부 말기, 요코스카제철소에서 프랑스인 기술자로부터 조선기술을 들여올 때 함께 전해졌다. 이 바게트를 일본인 제빵사가 먹기 쉽게 둥근 형태의 부드러운 반죽으로 변형하고, 빵 표면에는 흰 가루를 묻혔다. 이 빵은 '소프트프랑스'라는 애칭으로 불리며 요코스카에서 오랫동안 사랑받고 있다. '요코스카베이커리'는 당시 제빵사에게 프랑스빵 제조법을 배워 1928년에 개업했다.

물론 간판 상품은 '원조프랑스빵'이다. 그대로도 판매하지만, 절반으로 자른 소프트프랑스 속에 팥앙금, 잼, 크림 등 달콤한 재료나 크로켓, 달걀샐러드와 같은 소자이(반찬)를 넣은 변형 빵도 인기다. 쇼와 초기부터 만들어지고 있는 큼직한 '시베리아'와 함께 사랑받고 있다.

요코스카베이커리
横須賀ベーカリー

오른쪽 위 간판에 적힌 '특제프랑스빵' 글자. 요코스카 출신 사람들에게는 '소프트프랑스'로 사랑받는다.
왼쪽 위 매장 안에는 기본 맛부터 달콤한 간식 계열, 소자이 계열까지 소프트프랑스가 가득하다.
오른쪽 아래 플레인소프트프랑스와 잼이 든 소프트프랑스.

게이큐요코스카추오역 히가시구치(동쪽 출구) 상점가 안에 자리한 매장. 개점 시간부터 손님들의 발걸음이 끊이지 않는다.

제4장

현지에서 사랑받는 명물 빵

그 지역의 문화와 풍습에 뿌리내려 그곳에서만 맛볼 수 있는 '명물 빵'이 있다. 사람들의 생활에 깊이 자리 잡은 독특한 현지 빵을 소개한다.

화이트샌드

화이트샌드

빵아즈마야/이시카와

지역 학교에 급식용 빵도 납품하는 빵집. 두 장의 식빵 사이에 우유 풍미의 버터크림을 바른 샌드 두 세트가 한 봉지에 들었다. 추억의 포장지는 70년 전 그대로. 티셔츠까지 만들어질 정도로 현지에서 사랑받는 빵이다.

화이트샌드

사노야제과제빵/이시카와

가나자와의 제분회사가 제조하는 고급 밀가루 롤랜드를 사용해 구워낸 식빵 두 장 사이에 버터크림을 발랐다. 그밖에도 잼, 버터, 크림, 초코 맛 등이 있다. 1955년에 문을 열었다.

위

화이트샌드

불랑제타카마쓰/이시카와

이시카와현의 여러 빵집에서 만드는 화이트샌드. 빵집마다 각기 다른 화이트크림을 식빵에 바른다. 두 장을 합친 식빵 두 세트가 한 봉지에 들어 있어 양이 푸짐하다.

아래

화이트빵

다마본가/이시카와

다마본가는 90년 동안 이어져 온 전통 있는 빵집이다. 오전에는 빵을 만들고 오후에는 화과자를 제조한다. 감자과자가 명물이며, 지역 학교에 급식빵도 납품한다. 다른 빵집의 화이트샌드는 네모난 식빵이 대부분이지만, 이곳은 폭신폭신하게 부풀린 식빵에 버터크림을 바른 것이 특징.

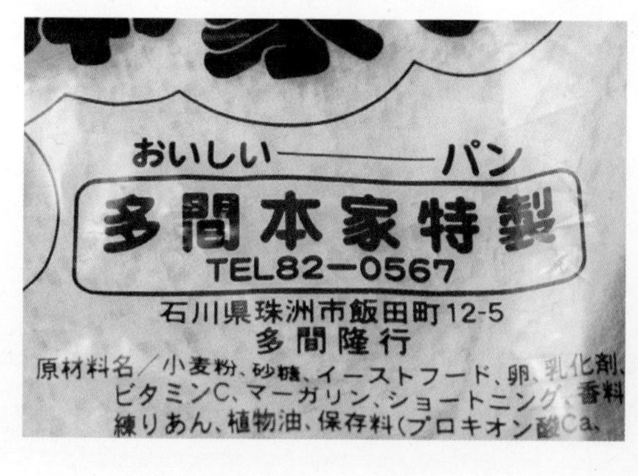

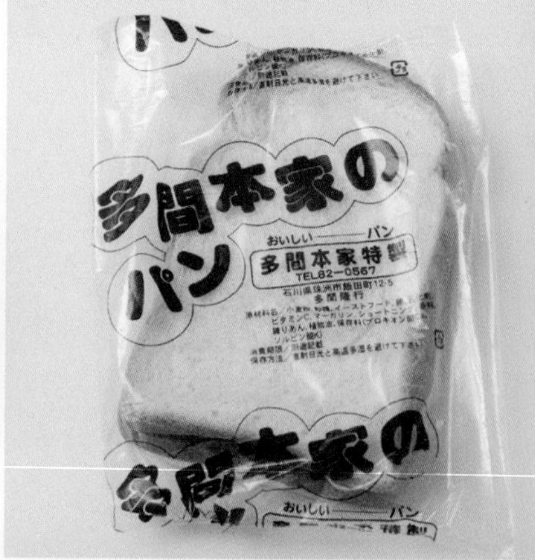

위와 오른쪽

모자빵

야마테빵/고치

고치현에 있는 대부분의 제빵회사에서 만드는 모자빵. 동그란 빵에 카스텔라 반죽을 입혀 구워낸다. 일본의 만화가 야나세 다카시가 디자인한 캐릭터 모자빵군의 스티커가 포함된 패키지도 있다. ※현재 가격은 139엔+부가세

모자빵

모자빵

나가노아사히도 본점/고치

모자빵을 가장 먼저 만든 빵집으로 1927년에 개업했다. 멜론빵을 구울 때 대개 비스킷 반죽을 입히는데, 시험 삼아 카스텔라 반죽을 사용했고 이를 계기로 모자빵이 탄생했다. 손님들이 빵 모양을 보고 '모자빵'이라 부르기 시작했다.

※2019년 폐업

크림박스

나카야빵집/후쿠시마

쇼와 50년대부터 고리야마시에 있는 빵집에서 만들기 시작한 크림박스. 미니 식빵에 우유 맛 크림을 불룩 솟아오를 정도로 듬뿍 발랐다. 학교 매점이나 슈퍼에서도 판매한다.

크림박스

위와 왼쪽

크림박스

오토모빵집/후쿠시마

고리야마시에서 가장 오래된 빵집으로 1924년에 개업. 쫄깃한 미니 우유 식빵에 생크림, 우유, 설탕으로 심플하게 만든 크림 혹은 현지 라쿠오유업의 라쿠오 카페오레를 사용한 크림을 듬뿍 얹었다.

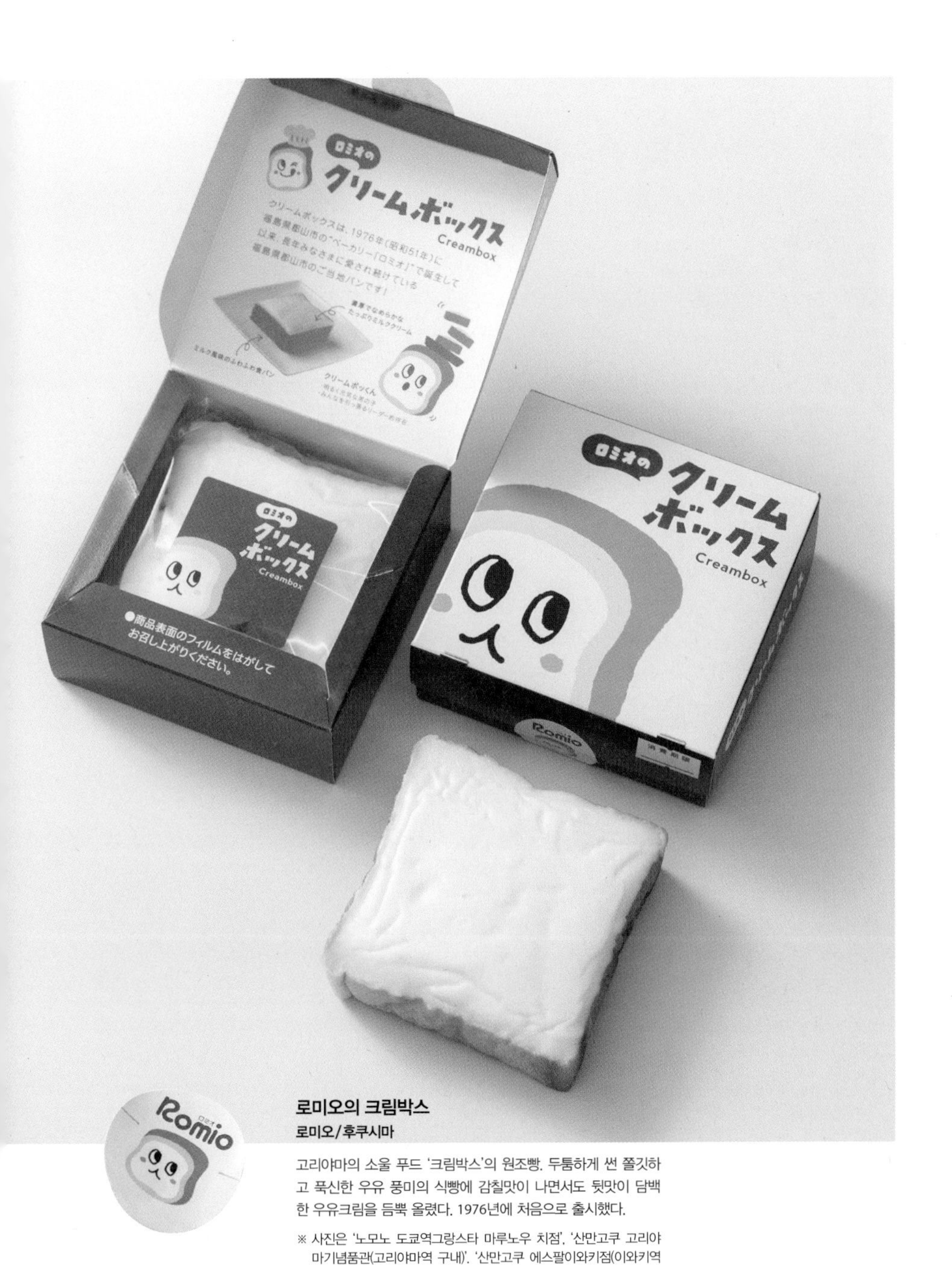

로미오의 크림박스

로미오/후쿠시마

고리야마의 소울 푸드 '크림박스'의 원조빵. 두툼하게 썬 쫄깃하고 푹신한 우유 풍미의 식빵에 감칠맛이 나면서도 뒷맛이 담백한 우유크림을 듬뿍 올렸다. 1976년에 처음으로 출시했다.

※ 사진은 '노모노 도쿄역그랑스타 마루노우치점', '산만고쿠 고리야마기념품관(고리야마역 구내)', '산만고쿠 에스팔이와키점(이와키역 직통 연결)'의 한정 패키지.

우유빵

불랑제리나카무라/나가노

우유빵은 나가노현과 니가타현 일부 빵집에서 기본 메뉴로 꾸준히 만드는 빵이다. 예전에 한 대학에서 우유빵을 처음으로 만든 빵집이 어디인지 조사하러 왔었지만, 알아내지 못했다고 한다. 선선대 시절(80~90년 전)부터 이어지는 맛이다. 두툼하게 구운 빵 사이에 설탕이 든 크림을 발랐다.

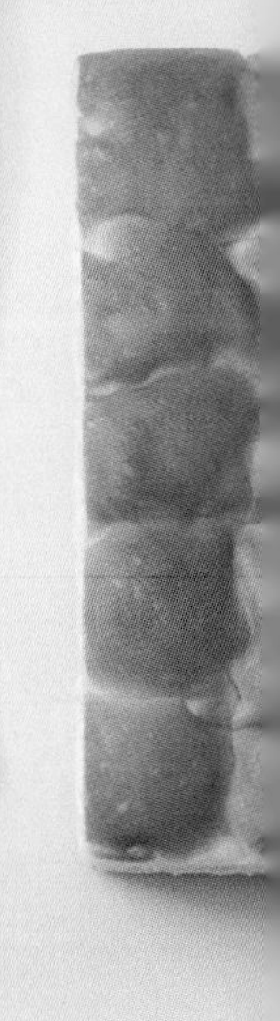

우유빵

우유빵

이노야상점/니가타

쇼와시대에 우유 소비량이 늘어남에 따라 우유빵을 만드는 가게도 늘어났다는 이야기가 있다. 빵집 대부분이 하얀 바탕에 레트로한 그림이 들어간 포장지를 사용한다는 점이 특징. 이노야상점에서는 이 그림이 새겨진 티셔츠나 타월도 판매하고 있다.

우유빵,
커피우유빵

가네마루빵집/나가노

1952년에 개업한 빵집. 우유빵을 최초로 만들고 유백색 바탕에 남자아이를 그린 패키지를 사용한 원조 빵집으로 불린다. 당시 두 살이었던 창업자의 아들이 그림의 모델. 두툼한 빵 사이에 직접 만든 버터크림을 넣었다. 커피 우유맛이 나는 삼각형 빵도 있다.

우유빵
오카무라제빵점/니가타

1927년에 개업한 빵집. 이곳의 인기 메뉴인 우유빵은 시청과 지역 병원에서도 판매하고 있다. 반죽에 생크림을 넣어 부드러운 식감이 일품인데,빵 속에 넣은 은은한 단맛의 크림과 잘 어우러진다. 봉지 디자인이 독특하다.

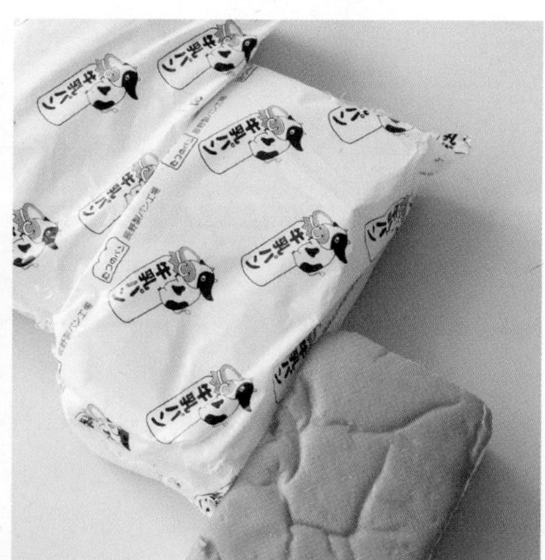

왼쪽

우유빵
나카무라야빵집/나가노

빵 시대가 열릴 것을 내다보고 1953년에 문을 연 빵집. 이곳의 우유빵은 촉촉하고 부드러운 식빵 반죽에 건포도를 넣은 것이 특징이다. 이건포도는 뒷맛이 담백한 버터크림과 조화를 이룬다.

오른쪽

우유빵
다쓰노제빵공장/나가노

1958년부터 학교 급식용 빵과 병원의 빵을 납품하며 지역을 지탱해온 빵집의 명물. 소 그림이 그려진 유백색 봉지 안에는 촉촉하고 폭신하며 달콤한 빵이 들었다. 빵 사이에는 은은한 양주 향이 감돌아 감칠맛을 품은 휘핑크림을 발랐다.

우유빵

몽파르노/나가노

여성의 손바닥보다 크고 두툼하며 네모난 모양으로 잘린 폭신폭신한 우유빵. 빵 가운데에는 우유크림이 들었다. 단맛을 줄여 가벼운 느낌으로 만들었다. 1950년에 문을 연 노포의 롱 셀러. ※ 현재는 폐업

두뇌빵

두뇌빵

사노야제과제빵/이시카와

두뇌빵의 발상지로 불리는 이시카와현. 가나자와시의 가나자와제분이 제조하는 두뇌분을 사용해 만든다. 이곳 두뇌빵에는 건포도가 들었다. 두뇌분은 게이오대학 하야시 다카시 교수의 학설을 바탕으로 개발한 밀가루이다 빵 봉지에는 현재 활동을 쉬고 있는 '두뇌빵 연맹'의 캐릭터가 그려져 있다.

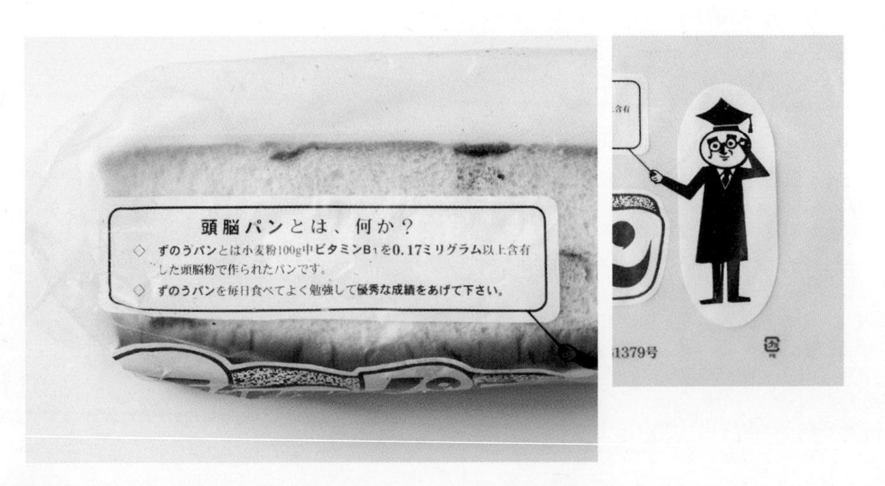

두뇌빵

야지마제빵/나가노

현재 점주의 선선대인 야지마제빵 초대 점주는 제2차 세계대전 후 군에서 돌아와 센베이 가게를 열었다가 제빵업으로 전환했다. 이곳의 콧페빵 사이에는 선명한 빨간색의 사과잼이 발라져 있다.

두뇌빵(밀크)

이토제빵/사이타마

두뇌분으로 만든 콧페빵 사이에 우유크림을 넣었다. 1992년 출시 이래, 공부를 잘 하고 싶은 수험생과 학생들의 바람에 힘입어 고등학교와 대학교 매점에서 인기를 끌었으며, 계절마다 신상품도 등장했다. ※ 2022년 10월 말 단종

두뇌빵 오구라&네오

나카무라야빵집/나가노

나가노현에서 가나자와제분의 '두뇌분'을 사용해 두뇌빵을 제조하는 유일한 빵집. 콧페빵을 닮은 빵의 윗부분에 두 개의 칼집을 내고, 그 사이에 오구라앙과 마가린을 각각 넣었다. 이밖에도 잼과 다양한 크림의 페이스트 종류가 있다.

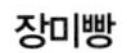

장미빵

난포빵/시마네

1949년 무렵, 제빵사가 실제 장미처럼 아름다운 빵을 만들고 싶다는 생각에서 고안한 빵. 얇고 기다랗게 구운 폭신한 빵 시트에 옛날 맛 그대로인 크림을 바르고, 돌돌 말아 꽃 모양으로 만든다. 말차맛과 커피 맛도 있다.

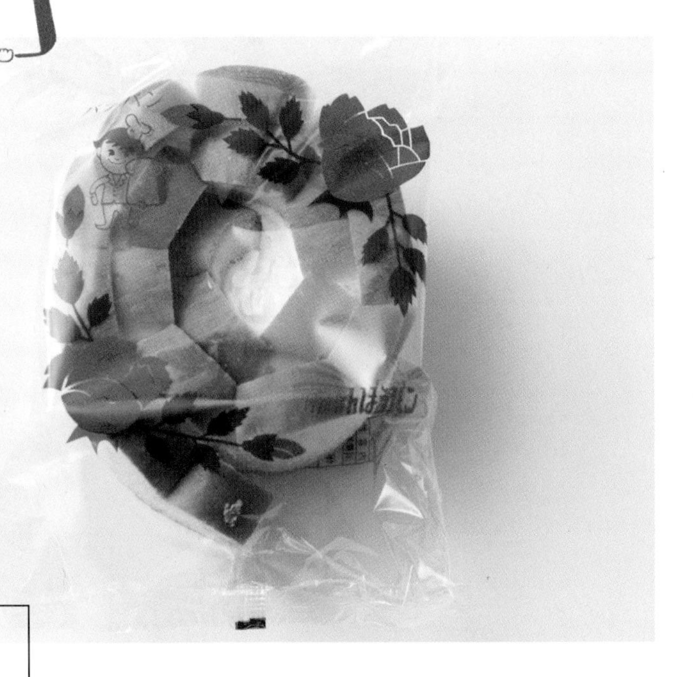

장미빵

기무라야 ROSE

기무라야제빵/시마네

1948년 문을 열었다. 시마네현 빵공업회가 실시한 강습회에서 장미빵이 소개되면서 한때 시마네현 내에 널리 보급되었지만, 지금까지 장미빵을 만드는 곳은 몇 되지 않는다. 딸기우유 맛도 있다.

플라워브레드 장미

마루킨제빵공장/가가와

'일본장미빵친구모임(日本バラパン友の会)'이 출범할 정도로 팬이 많은 로맨틱한 빵. 선선한 시기가 되면 빵 위에 화이트초콜릿을 코팅해 판매한다. 빵 속에는 가벼운 느낌의 직접 만든 버터크림을 넣었다. ※ 현재는 폐업

원조된장빵

샤론후시미야/군마

군마의 소울 푸드인 된장빵의 원조 빵집. 에도시대에 문을 열었으며, '야키만주' 가게였던 시절도 있었다. 쇼와 40년대에 '오야키'에서 힌트를 얻어 된장빵을 고안했다. 폭신폭신한 빵에 붉은 된장과 흑설탕을 사용해 만든 달고 짭조름한 소스(타레)를 발랐다.

※ 야키만주: 만주를 꼬치에 끼워 달콤한 된장 소스를 발라 구운 것.
※ 오야키: 밀가루나 메밀가루를 반죽해 만든 피 속에 팥소 등을 넣어 구운 것.

위

샌드빵

고타케제과/니가타

1924년에 화과자점으로 문을 열었다. 1945년 이후, 한랭지인 니가타에서 만들어진 달콤한 버터크림을 콧페빵 사이에 넣은 것이 시작이다. 탄력이 좋고 푹신하며 쫄깃한 식감을 느낄 수 있다. 이틀에 걸쳐 만드는 크림은 입에서 사르르 녹는 맛이 일품.

가운데

샌드빵

오카무라제빵점/니가타

쫄깃하게 씹는 맛이 있는 콧페빵 안에 휘핑해 만든 부드러운 버터크림을 넣은 샌드빵. 비슷한 빵으로는 콧페빵 사이에 크림과 딸기잼을 넣은 '믹스스쿨빵'도 있다.

아래

샌드빵

스페인화덕 빵노카부토/니가타

니가타에서는 버터크림을 바른 콧페빵을 샌드빵이라고 부르며, 이 지역의 몇몇 빵집에서 제조하고 있다. 1939년 이전에 개업한 카부토에서는 폭신폭신한 콧페빵 사이에 입에서 부드럽게 녹는, 수제 크림을 넣었다. 쇼와 20년대부터 꾸준히 팔리는 간판 상품.

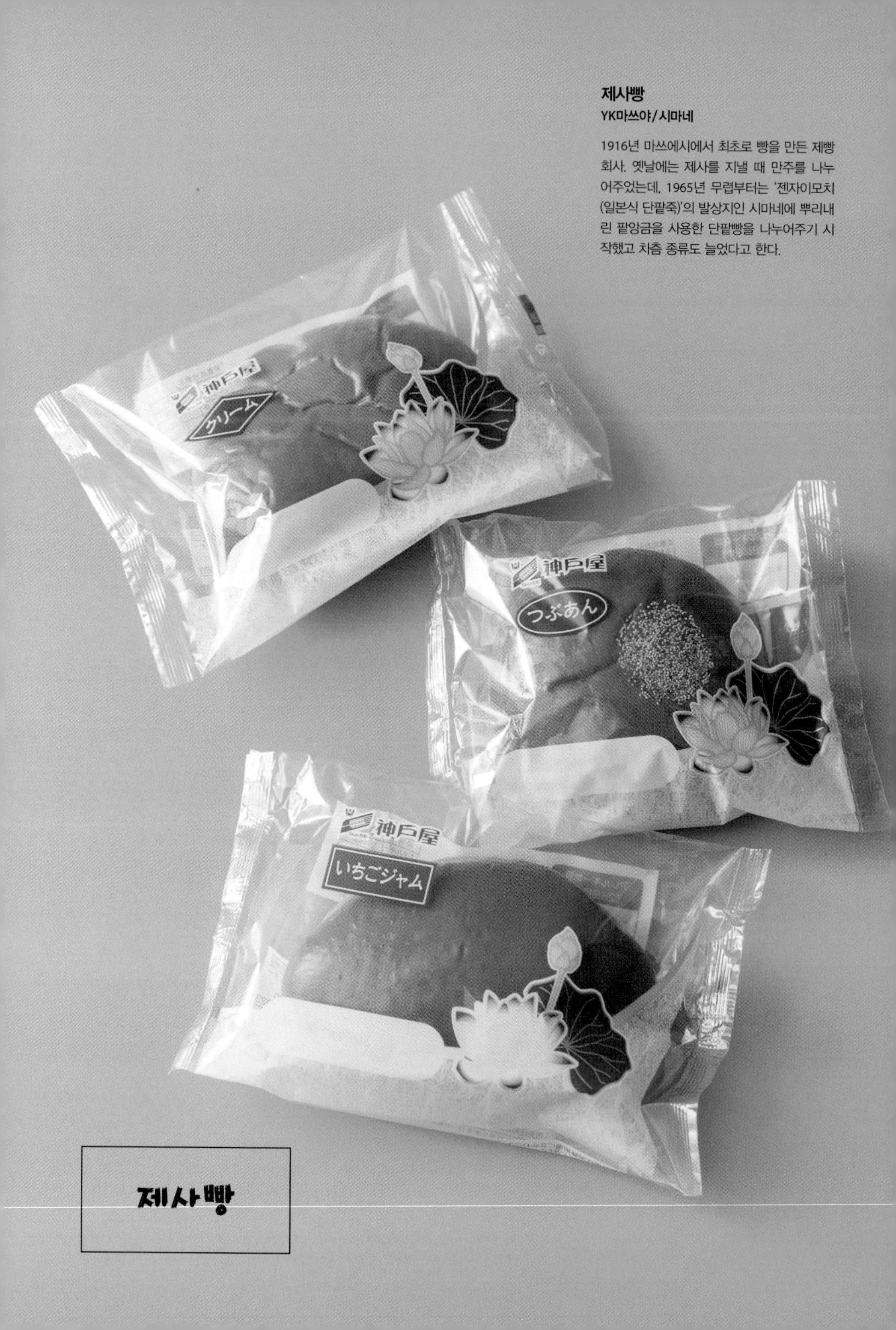

제사빵

YK마쓰야/시마네

1916년 마쓰에시에서 최초로 빵을 만든 제빵 회사. 옛날에는 제사를 지낼 때 만주를 나누어주었는데, 1965년 무렵부터는 '젠자이모치(일본식 단팥죽)'의 발상지인 시마네에 뿌리내린 팥앙금을 사용한 단팥빵을 나누어주기 시작했고 차츰 종류도 늘었다고 한다.

제사빵

제사빵세트

PANTOGRAPH / 시마네

시마네현은 제사 답례품으로 빵을 나누는 풍습이 있다. 다이쇼시대부터 제빵업을 하는 노포의 4대 점주도 제사빵 세트를 만든다. 종류는 통단팥빵, 고운 단팥빵, 멜론빵 세 가지이며, 유기농 팥을 사용한다.

제사빵

난포빵/시마네

장미빵으로 친숙한 제빵회사. 간판에는 '제사용 빵 주문받습니다'라는 글자가 적혀 있다. 제사빵용 포장지에 든 단팥빵, 크림빵, 멜론빵 등 외에 일반 봉지에 들어 있는 장미빵을 주문하는 사람도 많다.

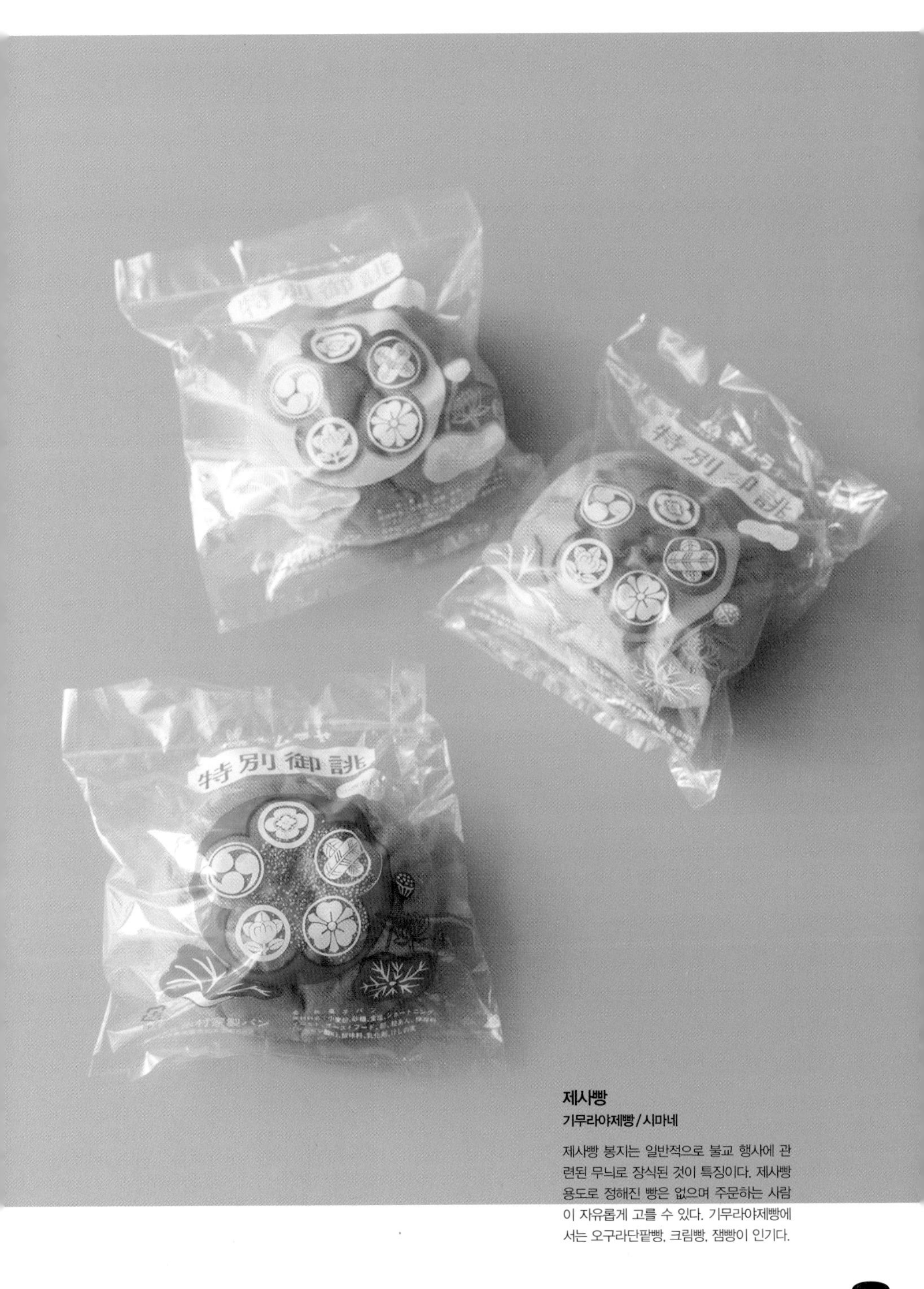

제사빵

기무라야제빵/시마네

제사빵 봉지는 일반적으로 불교 행사에 관련된 무늬로 장식된 것이 특징이다. 제사빵 용도로 정해진 빵은 없으며 주문하는 사람이 자유롭게 고를 수 있다. 기무라야제빵에서는 오구라단팥빵, 크림빵, 잼빵이 인기다.

▲ 시마지야모치텐

추억을 싸는 빵 포장지 ❷

(종이봉투, 비닐 봉지, 포장지)

빵의 추억과 함께 평생 소중하게 간직하고 싶은 빵 봉투와 봉지, 포장지들. 빵 패키지에서도 가게에 얽힌 이야기를 엿볼 수 있다.

▲ 프레센테

▲ 안데스MATOBA

▲ 리버티

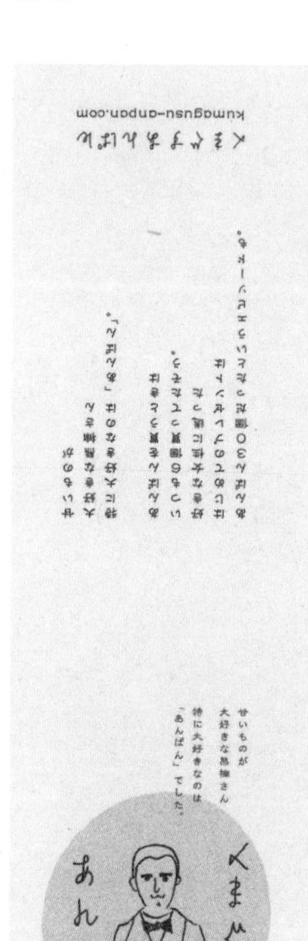

▲ 라라로케일

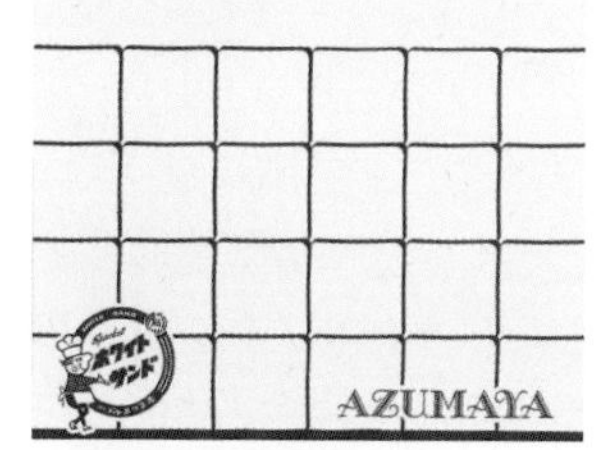

▲ 빵아즈마야

▲ 펠리컨

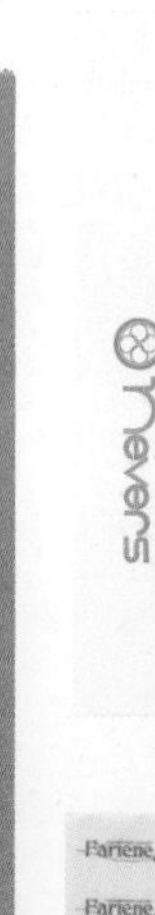

▲ 누벨오카무라

▲ 닛타제빵

▲ 신주쿠나카무라야

▲ 야마다베이커리

▲ 미쓰바야

빵 일기

현지 빵을 수집한 지 벌써 18년이 되었다. 그저 한 명의 손님으로서 가게를 방문해 그 지역 고유의 빵을 맛보고, 빵을 사랑하는 마음으로 기록한 나날의 빵 여행기를 소개한다.

여행지에서 만난 빵들

평소에도 여행지에서도 빵과 함께 생활하는 나날. 스냅 사진을 찍고 짧은 글을 더해 '빵 일기'를 쓴다. 나의 빵 일기 일부를 소개한다.

※ 가게 이름은 〈 〉로 강조했다.

〈나라호텔〉의 조식에서는 토스트가 기본.

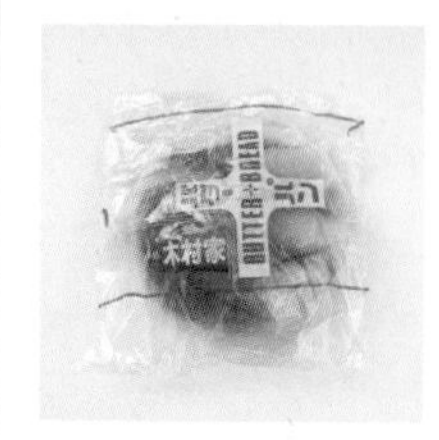

조식으로도 선물로도 추천. 와카야마현 다나베시 〈기무라야〉의 '버터빵'.

〈나라호텔〉의 조식. 아름다운 삼각형 프렌치토스트.

나고야의 찻집에서 사용하는 기본 빵은 〈혼마제빵〉의 빵.

1946년부터 세타가야에서 사랑받는, 고마자와대학 근처의 〈파옹쇼게쓰〉.

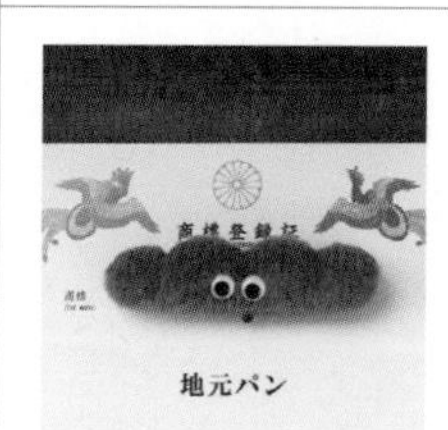

'현지 빵地元パン'을 상표로 등록한 날. 소중히 지켜나가고 싶은 빵을 향한 사랑을 담았다.

미야자키 하야오 감독도 다녀갔다는 히로시마현 도모노우라의 〈무라카미제빵소〉.

〈무라카미제빵소〉에서 빵을 한가득 사서 계속하는 여행.

1922년 개업한 교토시 〈덴구도우미노제빵소〉는 간판도 빵 모양.

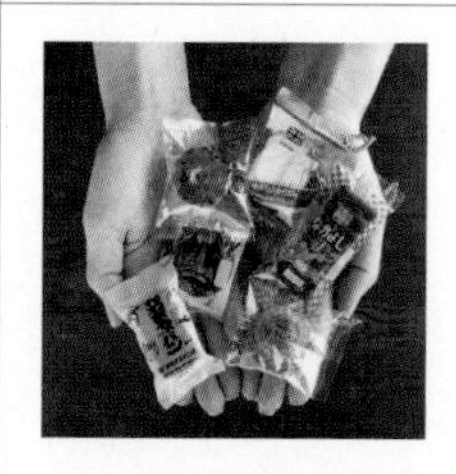

감수를 담당한 캡슐토이 시리즈 '현지 빵 미니미니 스퀴즈'.

고향에 갈 때마다 구매하는 시즈오카현 〈반데롤〉의 '놋포빵'.

단골 샌드위치 가게인 도쿄도 아사가야의 〈산도레〉.

〈덴구도〉의 '카스텔라빵', '땅콩빵'도 있다.

수집 중인 빵 컬렉션을 빵 이벤트 전시장에 전시.

옛 느낌을 간직한 빵집. 1926년부터 역사를 써내려 온 이바라키현의 〈미토키무라야〉.

산책하다 들른 도쿄도 노가타의 〈에스푸아〉에서 구입.

기후현 미노시의 〈간다야〉. 왼쪽 빵은 '바나나 드 생'.

미야자키현 니치난시의 〈미우라베이커리〉. 사랑스러운 여우빵과 만남.

후쿠오카현 〈나가타빵 하코자키점〉에서 '연유빵'을 한가득 구입.

이시카와현 가가시의 온천 마을에서 발견한 〈가와기시베이커리〉의 빵.

교토시 〈시라카와제빵〉의 식빵은 전국에 팬이 있을 정도로 인기.

건물이 불룩 솟은 식빵 형태! 와카야마시의 〈갓 구운 빵집 로마〉.

구마모토현 〈안젤러스 마쓰이시빵〉에서 인기인 '슬라이스샌드'.

홋카이도에서 발견한 〈이즈야빵〉의 '버터크림스틱'.

〈후지코 F 후지오 박물관〉 카페의 암기빵.

와카야마시 〈로마〉에서는 '프루트빵' 등을 구입.

퇴근길에 지바현의 〈마론드〉에서 빵을 사서 돌아오는 즐거움.

교토시의 〈마루키제빵소〉. '뉴버드'와 '시스터'를 구입.

마치 그림 속 빵집처럼 매력 있는 가게 구조. 요코스카시의 〈하마다야〉.

사가현 〈에가시라제빵 kusu kusu〉표 '쇼와의 에가시라멜론빵'.

감수를 담당한 프런티어문구의 '현지 빵 문구' 시리즈.

고베시 〈퀼른〉의 '초콧페'와 '버텃페'를 세트로 구입.

도쿄도의 〈골섬카네코야베이커리〉에서 만난 '가재소라빵'.

마쓰모토 여행에서 소중히 사 온 〈고마쓰빵집〉의 식빵.

폐업했다 부활한 게이세이히키후역 근처의 〈하토야빵집〉.

오키나와 〈시 사이드 드라이브 인〉에서 사랑받는 '스테이크샌드'.

'생크림소라빵'으로 알려진 아사쿠사의 〈데라사와〉.

고베시의 〈토어 로드 델리카트슨〉. 샌드위치룸에서.

특색 있는 간판과 가게명. 도쿄도 미나미아사가야의 〈고미야〉.

시즈오카현 해변에서. 〈우메하라제빵〉의 빵으로 점심식사.

시즈오카현 〈우메하라제빵〉의 공장 직판장 〈작은빵집〉.

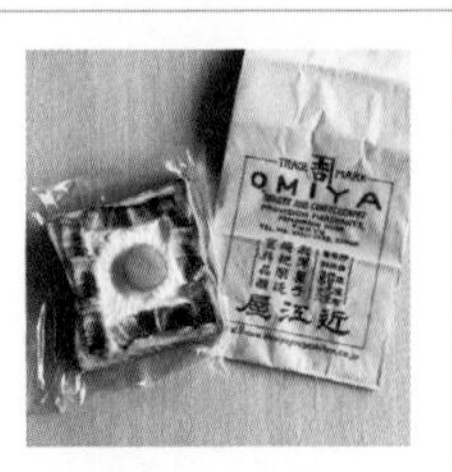

도쿄도의 100년 된 노포 〈오미야양과자점〉의 '프렌치토스트'.

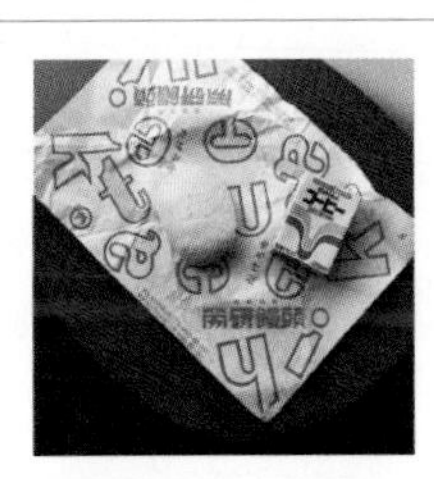

마쓰야마시의 아침. 호텔 방에서 〈로켄만토 다케우치〉의 찐빵을.

냉동 포장으로도 주문 가능한 에히메현의 〈노켄만토 다케우치〉.

미노와바시의 〈포에시〉. '초코소라빵'은 엉덩이에 코알라가!

미야자키현 가와미나미초 〈오르키데〉의 묵직하고 큼직한 프루트샌드.

신코엔지 〈베이커리토끼자리 Lepus〉의 다양한 토끼빵.

고베시 〈유럽식요리몬〉의 '비프커틀릿샌드위치'.

도치기현 아시카가시의 〈후쿠치제빵〉에서 갓 튀긴 '튀김빵'을.

교토시의 〈야마다베이커리〉. 다양한 종류의 '동물빵'.

와카야마현 신구시 〈난카이도〉의 '토스트빵'과 '구마노UFO파이'.

나고야의 〈플레저파티〉. 에그토스트와 오구라토스트.

니시오기쿠보의 〈시미즈야〉는 카드나 가방을 만들 정도로 귀엽다.

도쿄도 마치야의 〈럭키베이커리〉에서 빵을 사서 돌아가는 길.

규슈에서도 유백색 빵 봉지를 발견. 〈기시다빵〉의 '우유빵'.

오미야시에서 취재를 마치고 돌아가는 길에 방문한 〈사이토빵집〉.

〈시미즈야〉에서 '곰사브레' 제조 과정을 특별히 견학.

나라 여행 특집으로 〈베이커리후지타〉를 취재했을 때의 빵 쟁반.

교토시 〈샌드위치의 다나카〉의 롱셀러 '프루트샌드'.

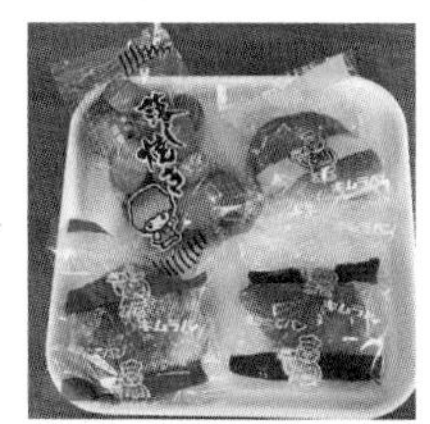

구마모토현 아마쿠사시의 〈기무라빵〉. 아침 일찍 조식 구매.

아사쿠사에 있는 단팥빵 전문점 〈안데스MATOBA〉를 향해.

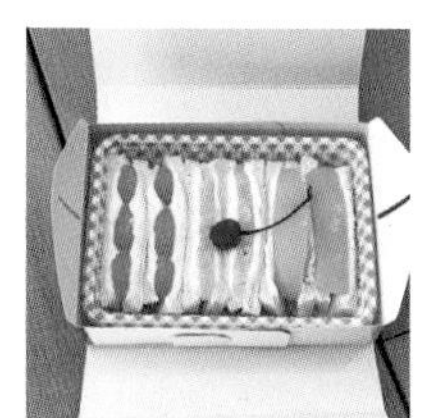

오이타현 〈고샤도〉의 사랑스러운 '프루트샌드'.

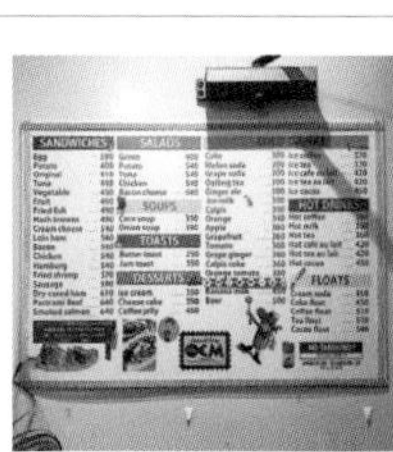

오구라에서 40년 이상 된 샌드위치 맛집 〈OCM〉에서 점심을.

교토시의 〈다이쇼제빵소〉에서 고른 빵은 '플라워샌드'.

고베시의 지인이 준 선물. 〈다나카야 본점〉의 빵이 가득.

옛날 그대로의 양식점인 오이타현의 〈고샤도〉는 다양한 샌드위치가 한가득.

식빵으로 '얼굴빵'을 만드는 워크숍을 기획, 개최.

후쿠오카현의 〈야오키빵〉에서는 슈크림과 에클레어를 구입.

빵 이름에 '짱'이나 '군'을 붙이는 기후시의 〈사카에빵〉.

교토시 〈맨해튼〉의 '앙버터'. 프랑스빵과 통단빵의 조화.

시즈오카 빵이 그려진 원단으로 만든 세상에 하나뿐인 스커트.

미야자키현 니치난시의 〈미즈와키〉에서 달걀과 양배추가 들어간 '샐러드빵'을 구입.

'점보크로켓빵'을 사기 위해 도쿄도 미노와바시의 〈아오키야〉를 방문.

후쿠오카현 기타큐슈의 〈시로야〉에서 인기가 많은 연유빵 '서니빵'.

지바시 〈파르테논〉의 '김초밥빵'과 크림빵.

도쿄도 미노와바시의 〈오무라빵〉까지 크로켓빵을 사러.

미야자키현 니치난시의 〈기무라야빵〉. 그리고 '마요네즈빵'.

미야자키현의 〈기무라야빵〉. 사 보고 싶었던 '고급 식빵'.

푸른 하늘 아래에서 먹은 〈가라쓰버거〉의 '치즈버거'.

우연히 발견한, 버스가 점포인 사가현의 〈가라쓰버거〉.

오비히로시의 〈마스야빵〉. '하얀스파샌드'와 '나폴리탄샌드'.

나가노시 〈와쿠도〉의 우유빵. 부드럽고 가벼운 크림이 가득.

기소후쿠시마의 〈가네마루빵집〉에서 창업자의 어머니께 인사를.

판다 그림이 있는 마쓰모토 〈아가타베이커리〉의 우유빵.

농후한 우유 풍미. 우에다시 〈사사자와베이커리〉의 우유빵.

일찍 일어난 날엔 가미이구사의 〈가리나〉로.

내가 무척 좋아하는 교토시 〈류게쓰도〉의 '크림치즈호두빵'.

이른 아침부터 〈프로인드〉에서 빵 제조를 취재하는 행복한 날.

고베시 〈프로인드〉에서 약 70년 전부터 소중히 사용하는 벽돌 화덕.

〈가리나〉의 샌드위치를 맛본 날은 온종일 행복.

도쿄도 하마다야마의 〈무슈 솔레유〉에서도 우유빵이.

나가노현의 안테나숍에서도 다양한 우유빵을 만나다.

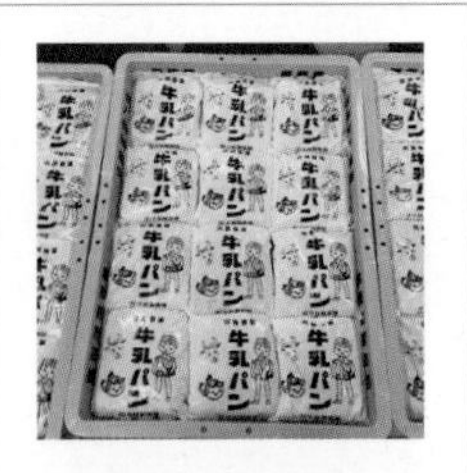

나가노현으로 우유빵 여행을 떠났을 때 들른 〈고바야시제과점〉.

크림이 듬뿍 든, 마쓰모토시 〈고마쓰빵집〉의 '우유빵'.

〈기무라 총본점〉×〈돈가스마이센〉의 '앙버터샌드'.

기후현 〈아키타야〉의 토스트 전용 꿀버터 '유키시로'.

〈에비스빵〉에서 산 빵을 들고 공원에서 잠시 휴식을.

TV 취재로 나가노현 〈에비스빵〉에서 우유빵 제조 과정을 견학.

1903년에 개업한, 와카야마시 〈나카타빵〉의 다양한 빵.

교토시 요시다산 정상에 있는 카페 〈모안〉의 프루트샌드.

니가타시의 〈후지야〉에서 '카스텔라빵'을 사서 해변에서 음미.

혼코마고메의 〈올림픽빵〉에서 '시베리아'와 '달걀빵'을 구입.

우동, 아이스크림, 빵도 취급하는 후쿠오카시의 〈가도야식당〉.

발뮤다의 치즈토스트 모드를 사용해 준비한 아침 식사.

발뮤다 토스터를 마련해 토스트 생활을 만끽.

센다이시 〈고신도〉에서 선물로 구입한 판다 쿠키.

감수를 맡은 켄엘리펀트의 '동물빵 마그넷'.

후지노미야시의 〈도이팜〉. 목장에서 구운 식빵.

신주쿠 〈커피세이부〉의 두껍게 썬 모닝 식빵.

1954년에 창업한 요쓰야의 〈커피론〉에서 맛보는 토스트.

햄버거의 번 느낌이 드는 〈토미〉의 핫케이크.

니시오기쿠보 〈시미즈야〉의 곰사브레 가방을 들고 근처를 산책.

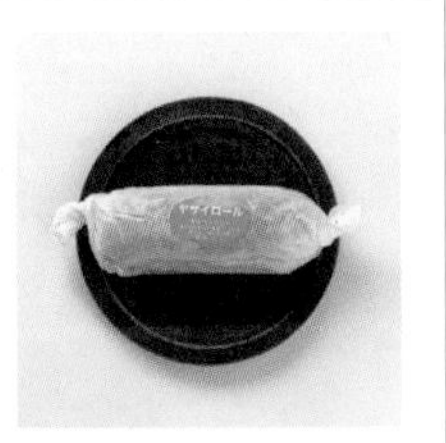

이른 아침에 문을 여는 고베시 〈아오타니베이커리〉의 '야채롤'.

효고현의 〈니시카와식품〉. 사랑스러운 운반 상자에 눈길이 간다.

〈킷사아메리칸〉의 큼직한 '달걀 샌드'.

'크림박스'를 사기 위해 찾은 고리야마시의 〈오토모빵〉.

〈도라야앙스탠드〉의 '앙페이스트'는 집에 항상 구비.

다자이 오사무의 탄생 110주년을 기념한 아오모리현의 〈구도빵〉.

빵에 곁들이는〈아모모리사과가공〉의 사과잼과 딸기잼.

에히메현 마쓰야마시의 〈베이커리 미쓰바야〉.벽에 그려진 그림이 러블리.

오사카의 〈준킷사 아메리칸〉. 샌드위치와 핫케이크 상자.

센다기의 〈리버티〉. 15년 전쯤 알게 된 이래 열렬한 팬이 되었다.

본점은 학교 건물 모양을 한 모리오카시의 〈후쿠다빵〉.

마쓰야마시의 〈미쓰바야〉조미빵은 소위 콧페빵을 말한다고.

1950년에 개업한 햄버거 가게. 센다이시의 〈호소야의 샌드〉.

〈리버티〉와 컬래버레이션 한 문구와 잡화.

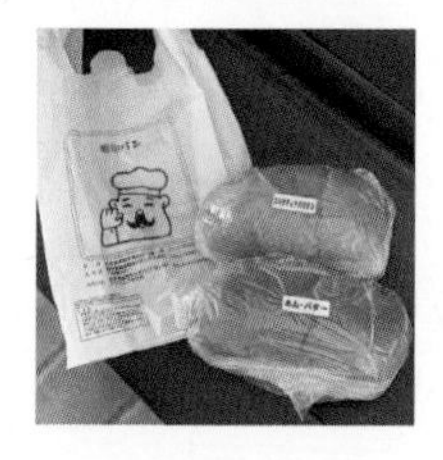

포만감 있는 짚신 크기의 〈후쿠다빵〉.

야마나시현 가와구치호 〈FUJISAN SHOKUPAN〉의 '후지산 식빵'.

〈호소야의 샌드〉. 가게에서 먹은 후, 하나 더 사서 테이크 아웃.

고텐마초 〈지가야베이커리〉의 '크림도넛'.

다나베시 기념품으로 제작한 '판다의 빵' 굿즈.

'튀김빵'과 멜론빵도 만드는 히로시마현의 〈쓰보미도〉.

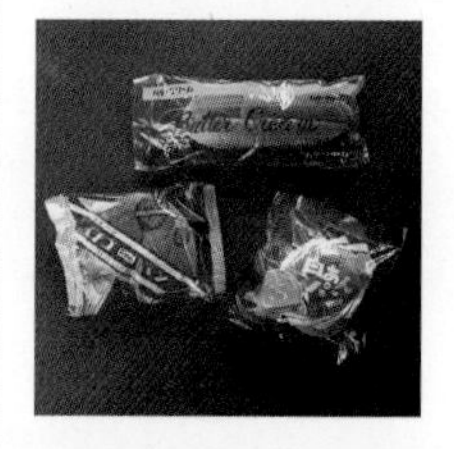

와카야마현 가미톤다의 〈미스세〉에서 구입한 추억의 빵.

히로시마현 〈안데르센〉에서 온라인 판매했던 개구리와 강아지 빵.

와카야마현 다나베시에 있던 〈노기제빵소〉. '판다의 빵'은 애칭이다.

신칸센에 탈 때 식사는 대부분 샌드위치로.

니시오기쿠보 〈엔쓰코도제빵〉의 초코빵 '니시오기하리군'.

다양한 백화점과 상업시설에서 개최된 현지 빵 이벤트를 감수.

다와라마치의 〈불랑제 부아 불로뉴〉는 포도빵이 명물.

동화 속 세계 같은 세타가야 〈니콜라스세이요도〉표 쿠키와 빵.

미야자키시의 〈미카엘도〉. '빵'이라고 적힌 입간판이 취향 저격!

〈미카엘도〉의 '번스' 속에는 건포도와 잼이 들었다.

교토시 〈가메야요시나가〉의 '슬라이스양갱'은 토스트와 함께.

'달리아빵'을 파는 야마가타현 가와니시마치의 〈파리도르 사노〉.

〈오사카신한큐호텔〉의 토 · 일 · 공휴일 한정 빵인 '이로네코 식빵'.

신주쿠의 〈베르크〉에서는 빵 메뉴에 맥주를 곁들일 때도 있다.

후지노미야시에서 큰 인기인 〈모치즈키상점〉의 프루트샌드.

노포의 맛을 계승하는 후쿠오카현 〈프랑소아〉의 '마루아지'.

하라주쿠 〈코롬방〉의 '프루트샌드'는 잊을 수 없는 맛.

이코마시의 〈빵공방펭권군〉에서 펭귄빵을 사서 돌아가는 길.

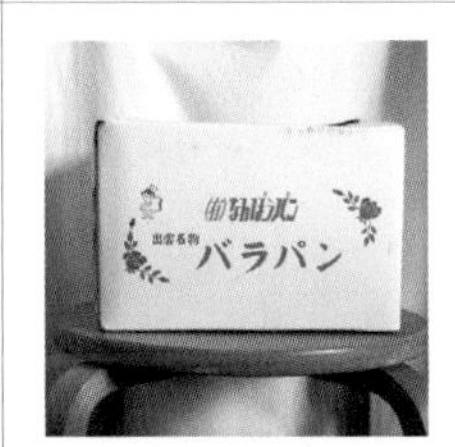

빵을 주문하면 담겨 오는 상자까지 깊은 애착이 가는 빵덕후.

〈프랑소아〉의 '구루메핫도그'도 그리움의 맛.

바쿠로초의 〈조리빵집 이즈미〉에서 '커피젤리샌드'를 구입.

아침 식사로 닌교초 〈샌드위치파라마쓰무라〉의 식빵을.

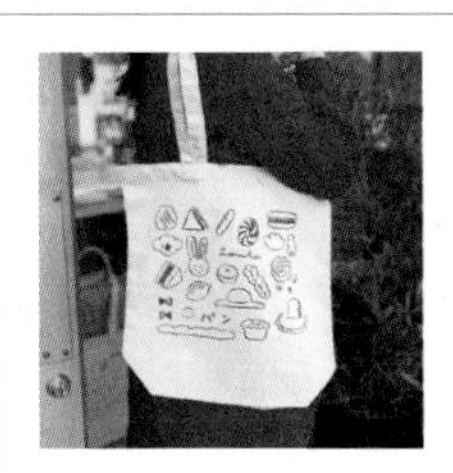

내가 운영하는 브랜드 'loule'에서 만든 현지 빵 토트백.

잘린 모양도 아름다운 고베시 〈프로인드리브〉의 아침 빵.

후쿠오카현 지쿠시노시의 〈코펠리아〉에서도 만난 꽃 모양 빵.

신칸센을 탈 때 함께한 아사쿠사 〈요시카미〉의 가스샌드.

찻집에서 만난 빵들

찻집에서 시간을 보낼 때도 역시 빵이 없으면 섭섭하다. 아침이나 점심, 간식으로 맛본 빵 메뉴를 소개한다.

'호두빵'이라는 간판도 사랑스러운 도쿄도 무코지마의 〈가도〉.

도쿄도 히라이에 자리한 〈원모어〉의 레몬이 든 '프렌치토스트'.

무코지마 〈가도〉의 '직접 만든 호두빵 샌드위치' 맛은 일품.

노포의 맛을 계승한 교토시 〈마드라그〉의 '고로나샌드'.

교토시 데마치야나기 〈커피하우스 마키〉의 모닝 세트.

고후시에서 빵집을 돌다 들른 찻집 〈오레노파리〉.

50년 이상 사랑받고 있는 도쿄도 〈베니시카〉의 '원조피자토스트'.

서비스가 가득한 와카야마현 다나베시 〈아틀리에〉의 모닝.

60년 된 도구로 굽는, 우라와시 〈에비스야킷사텐〉의 토스트.

고후시 〈오레노파리〉에서 '달걀샌드'를 나누어 먹다.

니가타시 〈가리온〉에서 맛보는 〈후지야 후루마치본점〉의 특별 주문 빵!

혼마제빵의 빵을 사용한 나고야시 〈나고노야〉의 '달걀샌드'

도쿄도 간다역 〈커피전문점에이스〉의 원조 '김토스트'.

도쿄도 간다역 〈킷사쇼팽〉의 달콤하고 짭조름한 '앙프레스'.

유라쿠초 〈하마노야팔러〉에서 주문한 달걀과 치즈 샌드위치.

도쿄도 우구이스다니 〈덴〉의 명물. 빵과 그라탕을 조합한 '그라빵'.

시즈오카시의 〈킷사포플러〉. '프루트샌드'를 먹으며 잠시 휴식을.

교토시 〈스마트커피점〉에서 좋아하는 '프렌치토스트'를.

교토시 〈자가로스팅 야마모토〉의 케이크 같은 '프루트샌드'.

나고야시 〈콘파루〉는 '새우프라이 샌드'가 명물.

입구부터 옛 정취가 느껴지는 〈밀크홀모카〉. 쇼와 30년대에 개업.

도쿄도 기타센주 〈밀크홀모카〉에서 맛보는 '핫도그'.

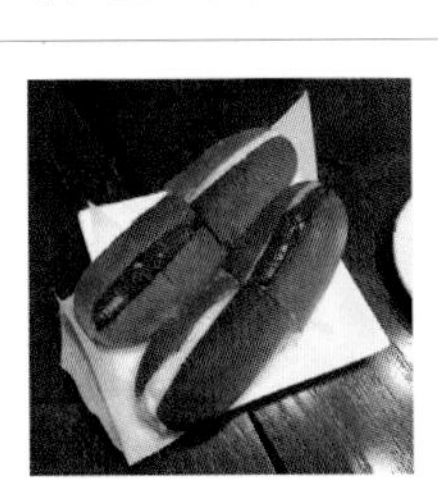

와카야마현 다나베시 〈킷사비틀〉. '유료 도로의 핫도그'.

속 재료가 듬뿍 들어간 다카사키시 〈킷사콘파루〉의 '피자토스트'.

갓파바시 〈온리〉의 아이스크림을 올린 '허니토스트'.

미나미센주 〈온리〉의 토스트는 〈펠리컨〉의 빵을 사용한다.

도쿄도 야나카 〈가야바커피〉의 롱셀러 메뉴인 '달걀샌드'.

모던한 인테리어가 매력인 유라쿠초 〈킷사스톤〉의 '프루트샌드'.

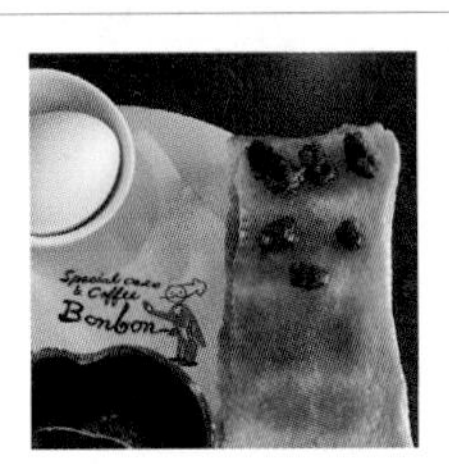

나고야시 〈준킷사본본〉의 빵에 팥으로 얼굴을 그리며 즐겼다.

나고야시의 〈선모리〉. 사랑스러운 장식이 돋보이는 '프루트샌드'.

고향 후지노미야시에 자리한 〈보아〉의 '시나몬크림토스트'.

교토시 〈킷사조〉에서는 '미소야의 달걀샌드'를 주문.

세 가지 종류의 맛을 즐길 수 있는 요요기 〈톰〉의 '구운샌드위치'.

모리오카시 〈티하우스리베〉에서 만난 〈후쿠다빵〉의 빵.

나카무라제함소의 통단팥 앙금을 쓰는 교토시 〈Kaikado Café〉

교토의 아침 식사는 〈킷사티롤〉에서 달걀과 햄 샌드위치로.

외관이 사랑스러운 교토시 〈COFFEE 포켓〉에서 모닝 메뉴를.

〈누노야빵〉의 빵으로 만드는 하치오지시 〈이코이〉의 '달걀샌드'.

Column ❹

고향 시즈오카의 빵

내가 가장 좋아하는 현지 빵은 고향 시즈오카현에 뿌리내린 빵이다. 고향에 돌아갈 때나 여행길에 맛보곤 하는데 그때마다 그리운 기억까지 음미하게 된다.

나는 도쿄에 살고 있다. 일상에서도 소소한 기쁨을 만나기 위해 나만의 행운 징조를 만들었는데, 그중 하나는 '도쿄 거리에서 기무라야 총본점의 트럭을 보면 그날 좋은 일이 생긴다'는 것이다.

일본의 시인 구시다 마고이치의 그림이 그려진 접시 위에 올라간 것은 에도야 본점의 명물인 크림빵. 현지에서 생산된 '아사기리우유'를 사용해 만든 커스터드 크림이 듬뿍 들었다.

갤러리가 병설된 에도야 본점에 방문한 구시다 마고이치는 당시의 문화적인 분위기를 만족스러워했다고 한다. 빵을 '귀여운 것'이라고 표현하는 글을 에도야에 남겼다.

1869년에 개업한, 후지노미야에서 가장 오래된 빵집 '에도야 본점'. 종이봉투의 그림은 구시다 마고이치가 그렸다. 어린 시절에 다녔던 매우 좋아하는 빵집으로, 이곳의 명물은 크림빵이다.

나고 자란 마을을 떠난 지 20년, 그 사이 마을 경치는 상당히 바뀌었다. 일 년에 한 번 고향에 돌아갈 때면 낯선 동네를 여행하는 기분이 들지만, 그러다가도 어릴 적 다녔던 가게가 기억 속 풍경 그대로 눈앞에 또렷이 나타나면 정말이지 안도하게 된다. 일요일 낮, 교회에서 돌아오는 길에 엄마와 지나쳤던 번화가의 '에도야'에도 그때와 변함없는 맛이 늘어서 있었다.

후지노미야시뿐만 아니라, 시즈오카에서 만들어진 빵이라면 내게는 모두 고향의 맛이다. 귀성 외에 일이나 여행으로 방문할 때면 배가 고프지 않아도 저절로 손이 가곤 한다. 교토에서 생활하던 시기에는 같은 고향 후배가 고향에 갈 때마다 '놋포빵'을 사다 주어서 한입씩 아껴 먹은 적도 있었다. 지금은 나도 같은 고향 출신 친구에게 선물할 일이 있으면 늘 현지 빵을 준비한다.

※ Column ①~⑤는 저자가 실제 여행지에서 방문해 맛본 빵과 가게의 모습을 남긴 당시 기록을 바탕으로 작성한 취재기입니다.

시즈오카시 〈빵상주〉의 멜론빵 '오호리카메'는 손푸성의 해자에서 헤엄치는 거북이를 표현했다. 노란색은 플레인, 연두색은 녹차 풍미를 더했다.

냄비와 반합으로 구워내는 〈이데보쿠〉의 '목장마카나이빵'. 아사기리고원 개척자가 쇼와 초기부터 지켜온 전통 제조법을 계승하고 있다.

고등학교 시절, 학원을 가기 전에 먹었던 '놋포빵'은 시즈오카현 동부 출신 사람들의 소울 푸드. 고향에 갔을 때 '단나우유(시즈오카현 농협에서 생산, 판매하는 우유브랜드)'와 함께 먹었다.

다자이 오사무도 즐겨 찾았던 1932년에 개업한 〈라라양과자점〉. 이곳의 천연효모빵은 1980년대 소녀만화풍 일러스트와 둥근 글씨체가 새겨진 봉지에 들었다.

시즈오카역 근처에 자리한 〈구리타빵〉의 봉지. 시즈오카의 유명한 어묵 가게 '오니기리노마루시마'를 가면서 이곳도 방문했다. '명란프랑스'가 명물.

건빵과 겐지파이로도 유명한 하마마쓰의 산리쓰제과가 1974년에 출시한 '꽃게빵'. 일본 전국에서 판매되는 현지 빵으로 시즈오카의 자랑이다.

정육점으로 시작한 누마즈의 〈모모야〉. 지금도 매장에는 크로켓과 가라아게가 진열되어 있다. 1964년부터 빵 사이에 다진 고기 등을 넣어 팔기 시작했다.

〈모모야〉의 샌드에는 사용되는 소스는 두 종류로 하나는 매운 맛, 다른 하나는 일본풍의 달콤한 타레 맛이다. 단골마다 각자 좋아하는 맛이 정해져 있다.

크로켓, 햄가스, 햄이 들어간 〈모모야〉의 '오코노미샌드'. 누마즈 출신 친구가 자신이 좋아하는 현지 빵이라며 알려주었다.

방문 시기가 다르고 현재는 상황이 바뀐 곳도 있으므로 각 매장에 문의는 삼가 주시기 바랍니다.(p.58~61, 141, 144~146, 224~228)

Column ❺

빵과 찰떡 궁합인 우유, 커피

여행지에서 현지 빵을 만나는 것만큼 즐거운 일은 현지 우유나 커피를 맛보는 것. 지금까지 수집한 병이나 팩에 들은 우유, 커피를 한곳에 모았다.

여행지에서 빵 수집만큼 즐거운 일은 현지 슈퍼에서 시간을 보낼 때다. 여행길은 시간이 제한적이거나 무거운 짐을 들고 있어 움직임에 불편이 따를 때가 많다. 그래서 그 고장만의 먹거리를 효율적으로 찾기 위해 나름대로 매장을 도는 순서를 정해둔다. 슈퍼의 문을

1/히로시마현에서 메이지시대부터 우유 사업을 시작한 '지치야스'의 '급식우유'. **2**/미에현 이세신궁을 방문했을 때 편의점에서 발견한 '오우치야마커피'. **3**/'사도유업'의 우유 팩은 따오기 디자인. **4**/나가노현 오부세마치에서 1950년부터 이어지고 있는 '오부세우유'. **5**/후쿠시마현 고리야마시에서 '크림박스'와 함께 마신 '라쿠오카페오레'. **6**/야마가타현 여행에서는 온천 입욕 후에 '야마베저지우유'를. **7**/후쿠시마현 '아이즈추오유업'의 '소프트크리미요거트'. 여자아이 캐릭터는 현지에서 '그 아이'라고 불린다. **8**/이세신궁외궁 앞 '야마무라유업우유학교'. 우유, 커피, 푸딩, 소프트크림, 이것저것 맛볼 수 있다. **9**/시가현 마이바라시에 우뚝 솟은 이부키산 기슭에서 자란 젖소에서 짠 '이부키우유'와 커피.

※ Column ①~⑤는 저자가 실제 여행지에서 방문해 맛본 빵과 가게의 모습을 남긴 당시 기록을 바탕으로 작성한 취재기입니다.

열고 들어간 다음, 들뜬 기분을 진정시키면서 맨 먼저 향하는 곳은 우유 · 유제품 코너다. 신선함을 유지해야 하는 우유는 전국적으로 알려진 대기업 제품 옆에서 현지에서 생산된 우유와 커피 우유를 발견할 수 있다. 그날 묵는 호텔이 근처라면 작은 팩에 든 우유를 사서 호텔 방 냉장고에 넣어두고, 다음 날 아침 현지 빵과 함께 맛본다. 어쩌다 먹성 좋은 사람들이 모였을 때는 종이컵에 조금씩 나누어 맛을 본 적도 있다. 직영점이나 미치노에키, 온천 시설에 구미를 돋우는 통통한 병우유가 있으면 벌컥벌컥 마시며 피로를 푼다. 과자를 워낙 좋아하다 보니 자연스레 현지 빵을 수집하기 시작했고, 현지 빵에 대한 사랑 덕분에 빵에 곁들이기 좋은 친구인 우유와 커피까지도 탐을 내게 되었다. 이렇듯 '좋아하는 마음'이 점점 커지면서 그리움을 느끼는 맛이 늘어간다.

10/효고현 온천 입욕 후에 구입한 교토의 '단고저지우유'. **11**/효고현 도요오카시 기노사키에 머무를 때, 아침마다 마시던 히라야유업의 '히라야커피'. **12**/'스즈란커피'는 주오알프스(나가노현에 위치한 산맥) 센조지키(다다미 천 장이라는 뜻을 가진 거대한 암석지대)의 산책로를 돌아다닌 후에 맛보다. **13**/가나가와 여행에서 돌아오는 길에 발견한 아시가라유업의 '긴타로우유'. **14**/홋카이도 여행 도중 '오호쓰크아바시리우유'를 종이컵에 따라 벌컥벌컥. **15**/야마가타현 사카타시의 빵집에서 만난 '다무라우유'. **16**/홋카이도 아칸에 위치한 니와목장의 '앗칸베우유'. **17**/시즈오카현 본가에 항상 구비해 두는 '아사기리유업'의 우유와 아이스크림. **18**/와카야마현을 여행할 때 자주 접하는 맛 '오와시목장'의 카페오레. **19**/가고시마현낙농협동조합의 '농협커피'. 남일본낙농협동의 유산균 음료 '요구룻페'와 '스퀄워터'.

방문 시기가 다르고 현재는 상황이 바뀐 곳도 있으므로 각 매장에 문의는 삼가 주시기 바랍니다.(p.58~61, 141, 144~146, 224~228)

20/도야마현 '도야마알펜유업'의 우유와 '카우히(카우+커피)'. **21**/시즈오카현 후지노미야시의 학교 급식으로 사랑받는 '후지노쿠니후지산밀크'. **22·23**/미야자키현 '하쿠스이샤유업'의 우유와 카페오레. 독특한 그림이 그려진 패키지에 끌리다. **24**/홋카이도현 하코다테의 조금 높은 언덕 위에 있는 우유 공장 '하코다테낙농'의 하코다테우유. **25**/기후현 세키시에서 70년 이상의 역사를 가진 '세키우유'의 우유와 커피. **26**/오이타현 학교 급식에서도 사랑받는 규슈유업의 '미도리우유'. 1964년에 탄생. **27**/이와테현 기타카미고지에 위치한 '후지야유업'의 우유. 이와테현과 미야기현에서 구입 가능. **28**/구마모토현 '라쿠노마더스'의 오아소우유와 카페오레. **29**/1968년 출시 이래, 시코쿠에서 꾸준히 사랑받는 에히메현 '라쿠렌'의 커피. **30**/미야자키현에서 친숙한 '요구룻페'가 홋카이도에도! 홋카이도히다카유업이 제조. **31**/니가타현의 우유 코너를 둘러보는 일은 즐겁다. '쓰카다우유'와 '료칸우유'를 구입. **32**/미야자키현 미야코노조시 남일본낙농협동의 '데일리커피'. **33**/야마나시현의 '다케다우유'를 사용한 푸딩. 사랑스러운 코끼리 '마이폰(매일 한 잔이라는 뜻)'. **34**/기후현 다카야마시 '히다규(소고기 브랜드)'의 커피와 파인애플 맛 프루트 우유를 열차 안에서. **35**/쇼와 초기부터 이어진 아이치현 도코나메시의 '도코나메우유'. 마크가 마치 네덜란드의 판화가 에셔의 그림 같다. **36**/나가사키현 '미라클유업' '라쿠렌커피'의 깔끔한 디자인. **37**/디자인에 반한, 야마가타현 덴도시 '후지유업'의 우유팩. **38**/미야자키현 휴가시의 슈퍼에서 만난 '마루야마유업'의 우유. **39**/'슛포포(칙칙폭폭)우유'라는 애칭으로 사랑받는 나가노현의 '노베야마고원우유'. 1975년에 탄생.

Column ❻

빵: 긴자에서 시작된 이야기

일본 빵의 원점은 긴자에 있다. '기무라야 총본점'의 역사를 살펴보면 평소 당연하게 먹고 있는 빵이 훨씬 친근하게 다가온다.

긴자에 오면 꼭 빵을 사서 돌아간다. 내가 어릴 적, 도쿄에 갈 때마다 내 손을 잡고 화려한 긴자 거리를 기쁜 얼굴로 걷던 엄마가 그랬던 것처럼.

원래는 메이지시대에 태어나 새로운 물건을 좋아했던 조부의 습관이었던 모양이다. 시즈오카현 고텐바에서 도쿄로 일을 하러 다녔던 조부는 일이 일찍 끝나는 날에는 시골에서 기다리는 가족을 위해 이것저것 사서 돌아왔다. 한 손에는 당시 유행하던 문구나 생활용품을, 또 한 손에는 빵 봉지를 들고 와 조모와 자녀들에게 선물로 나누어주었다고 한다. 물론 시골에도 빵집은 있었지만, 다음 날 아침 식탁에 늘어선 긴자 빵의 향기를 엄마는 일본에서 가장 우아한 거리의 냄새로 느꼈고, 평소보다 훨씬 화려한 아침 식사를 음미했다고 한다.

그런 엄마의 기억을 이어받았는지, 나 역시 긴자에서 지낸 다음 날 아침에는 전날 바라본 쇼윈도나 걸었던 거리의 풍경을 다시 떠올리며 노릇노릇 폭신하게 데운 빵을 한입 가득 넣는다.

지금은 슈퍼나 편의점에서 쉽게 빵을 살 수 있는 시대다. 물론 바쁘거나 시간이 없을 때는 편리하지만, 매장과 공장이 가까이 붙어 있는 빵집에서 갓 구워낸 고소한 빵 냄새를 맡으며 고르는 빵은 더욱 맛있다.

일 년에 몇 번 정도, 시즈오카현에서 가부키자(긴자에 위치한 가부키 극장)로 가부키를 보러 다니는 아빠와 낮 공연이 끝난 뒤에 술을 마실 때가 있다. 약속 장소는 늘 긴자미쓰코시 백화점의 사자상 앞이다. 술집으로 향하기 전, 먼저 백화점 건너편에 있는 긴자키무라야에 들린다. 늘 같은 빵을 사는데, '원조주종 오색단팥빵세트'와 식빵이다. 우리 집의 아침 식사는 옛날부터 아빠와 언니는 밥파(派), 엄마와 나는 빵파로 나뉘어 있다.

조부의 영향으로 엄마는 지금도 매일 아침 빵을 먹는다. 아빠와 술잔을 기울인 날 밤이면 도쿄역에서 아빠를 배웅하면서, 엄마에게 전해달라는 말과 함께 향긋한 냄새를 풍기는 빵 꾸러미를 건넨다.

긴자키무라야의 모체인 기무라야 총본

점(정식으로는 계열사 관계다. 여기서는 긴자 4초메의 독립점포를 긴자키무라야라고 표기한다)은 일본인이 처음으로 문을 연 빵집이다. 1869년 개업 당시에는 분에이도라는 상호로, 지금의 신바시역SL광장 부근, 시바 · 히카게초에 점포를 열었다.

일본 빵의 역사는 조총이나 기독교와 마찬가지로 전국시대에 시작된다. 프란치스코 하비에르 등의 선교사가 빵 보급의 계기를 마련했지만, 일본인의 입맛에 맞지 않았고 막부가 기독교를 금지한 후부터는 나가사키현 데지마에서 서양인을 위해 소량씩 만들어지는 데 그쳤다.

'일본인에 의한 일본인을 위한 빵'을 최초로 만든 인물은, 군량을 확보하기 위해 빵 화덕을 세워 빵을 대량생산함으로써 '빵의 시조'로 불린 에도시대 후기 이즈(지금의 시즈오카현 동남부)의 대관(代官) 에가와 다로자에몬이다. 보존과 휴대에 적합하게 만들어진 당시 빵의 식감은 센베이보다 딱딱하고 퍽퍽했다.

그 후, 쇄국령이 해제되자 외국인거류지로 지정된 요코하마에 외국인이 경영하는 빵집이 탄생한다. 요코하마를 방문할 기회가 있었던 기무라야 총본점의 창업자인 기무라 야스베에와 그의 아들 에이사부로는 앞으로 일본인은 무엇을 생활의 양식으로 삼으면 좋을지 고민한 끝에 빵이라는 결론을 내렸고, 일본인 최초로 빵집을 개업하기에 이른다. 그러나 개업 초기는 매일이 시련이었다. 쌀이나 우동 등 씹기 편한 주식을 선호하는 일본인에게 딱딱한 유럽식 빵은 받아들여지지 않았기 때문이다. 이에 부자는 부드러운 빵 반죽을 개발하기 위해 애쓰며 많은 시행착오를 거듭했다.

그러던 1874년, 전환점을 맞이했다. 상호를 분에이도에서 기무라야로 변경하고 긴자렌가마치에 진출한 해였다(당시에는 현재 긴자키무라야의 건너편에 자리해 있었다). 그 무렵 도쿄는 무역항인 요코하마와 달리, 식빵을 부풀리는 홉을 구하기 어려웠다(참고로 지금은 빵 제조에 당연시되는 이스트균의 존재도 당시 일본에서는 알려지지 않았다). 그래서 탄생한 것이 쌀과 누룩을 숙성시킨 주종효모균으로 발효한 반죽으로 팥을 감싸 구워내는 단팥빵이다. 팥소를 넣고 찐 만두인 사카만주에서 아이디어를 얻어 일본식과 서양식을 절충한 과자빵이다.

이스트균을 사용하면 4시간 정도만에 완성할 수 있는 빵도 주종효모균을 사용하면 꼬박 하루가 걸린다. 이 같은 시간과 노력의 결과 주종빵의 독특한 향기와 식감을 구현할 수 있다. 긴자키무라야에는 다른 지점에는 없는 '주종실'이라는 부서가 있어, 원조 자연효모빵의 제조법을 오늘날에도 지켜가고 있다.

주종 단팥빵의 기본빵이라고 하면, '벚꽃, 오구라, 양귀비, 완두 앙금, 백앙금' 5가지 종류이며,여기에 계절마다 한정 상품이 더해진다. 그중에서 가장 먼저 만들어진 빵은 표면에 양귀비 열매를 토핑한 고운 단팥빵인 '양귀비'와 빵 윗부분에 두 개의 홈을 판 통단팥빵 '오구라'다. 이어서 1875년 야마오카 뎃슈(에도시대 말기~메이지시기에 활동한 검술가 · 정치가)의 지도로 메이지일왕에게 진상한 '벚꽃'이 탄생했다. 겹벚꽃 소금 절임이 박혀 있는 단팥빵은 메이지일왕이 마음에 들어한 빵으로 대중 사이에서도 화제가 되었다. '메이지시대의 맛이 난다', '기무라야의 빵을 먹으면 각기병이 낫는다'라며 당시 가케소바(뜨거운 육수를 부어 먹는 소바) 한 그릇 가격이나 마찬가지였던 단팥빵을 먹기 위해 긴자로 몰려들었다.

긴자키무라야에는 일본 최초의 빵이 또 하나 있다. 바로 1900년에 출시된 잼빵으로, 3대 점주인 기무라 기시로가 개발했다. 반죽에 잼을 넣어 굽는 비스킷에서 착안한 빵이다.

일본인은 특히 갓 구운 빵을 좋아하는 듯하다. 일본에서 가장 좋은 입지라고 해도 과언이 아닌 긴자키무라야 빌딩에는 7~8층에 빵공장이 있어, 갓 구워진 빵이 항상 매장에 진열된다.

단팥빵과 잼빵 등 주종을 사용한 빵은 모두 '솔송나무'로 만든 나무 상자에 넣어두었다가 매장에 진열한다. 옛날에는 빵이 딱딱해지는 것을 '빵이 감기에 걸린다'고 표현했다는데, 무첨가 빵은 감기에 걸리기 쉽다. 그래서 솔송나무 상자에 보관한다. 튼튼하고 여분의 수분을 흡수하는 솔송나무 상자는 주종 특유의 풍미가 날아가는 것을 방지하면서도, 빵 표면을 촉촉하고 부드럽게 유지해준다고 한다.

메이지시대에 쓰인 '단팥빵의 본가는 긴자의 배꼽에餡パンの本家銀座のヘソにあり'라는 센류(5 · 7 · 5조의 음율을 가진 일본의 정형시)가 있다. 당시 단팥빵은 '배꼽빵'이라는 애칭으로 사랑받았다. 메이지시대 무렵에는 최신식이었던 가게도 이제는 긴자에서 손에 꼽는 노포가 되었다. 일본에서 당연하게 빵을 먹을 수 있게 된 것도 긴자의 배꼽빵이 있었기 때문이다.

※ 출처: 「긴자백점銀座百点」(긴자백점회銀座百店会), 2015년 2월호, 「선물은 긴자빵おみやげは銀座パン」에서 일부 전재.

지역별 빵집 찾기

이 책의 주요 코너에서 소개한 빵과 가게(제조처)를 도도부현별로 수록했다. 근처를 방문하게 되면 그 지역의 빵집이나 슈퍼에 들러 보자.

※ '현지 빵®地元パン®'은 가이 미노리의 등록 상표입니다. 이 책을 참고로 이벤트, 행사 등을 실시하는 경우는 반드시 사전에 엑스놀리지(발행처)나 Loule(가이 미노리 사무소)로 연락 주시기 바랍니다.

〈홋카이도〉

아사히도(아메리칸도넛 p.179)
홋카이도 나카가와군 도요코로초 모이와혼마치30
TEL/015-574-2402

구와타야 오타루본점
(팡주 p.175)
홋카이도 오타루시 이로나이 1초메
오타루운하터미널 1F
TEL/0134-34-3840

소게쓰도
(콩빵, 앙도넛 외 p.8)
홋카이도 아부타군 도요우라초 시노노메초66
TEL/0142-83-2401

세이코마트
(양갱트위스트, 양갱빵 p.156)
홋카이도 삿포로시 주오구 미나미9조니시 5-421
TEL/0120-89-8551
(고객센터 수신자 부담/월~토요일 9:00~17:00)

쇼후쿠야(팡주 p.176)
홋카이도 오타루시 이나호2-9-12
TEL/0134-26-6910

다카하시제과(비타민카스텔라 p.153)
홋카이도 아사히카와시 4조도리 13초메 왼쪽 1호
TEL/0166-23-4950(본사)

쓰키사무단팥빵혼포 혼마 쓰키사무총본점
(쓰키사무단팥빵 p.70, 쓰키사무도넛 p.179)
홋카이도 삿포로시 도요히라구 쓰키사무추오도리8-1-10
쓰키사무추오빌딩 1F
TEL/011-851-0817

돈구리(지쿠와빵 p.105)
홋카이도 삿포로시 시로이시구 난고도리 8초메 미나미1-7
TEL/011-867-0636

니치료제빵
(초코브릿코 p.83, 러브러브샌드 p.101)
홋카이도 삿포로시 도요히라구 쓰키사무히가시1조18-5-1
TEL/011-851-8131(총무부)

야마자키제빵
(선스네이크 p.155 ※홋카이도 한정 출시)
도쿄도 지요다구 이와모토초3-10-1
TEL/0120-811-114(고객센터)

로바빵(특선콩빵 p.69)
홋카이도 삿포로시 시로이시구 혼도리7-5-1
TEL/0120-5-6868-5(수신자 부담)

와라쿠도 스위트오케스트라
(크림앙도넛 p.178)
홋카이도 삿포로시 시로이시구 사카에도리7-6-30
TEL/0120-11-3126(수신자 부담)

〈아오모리현〉

구도빵
(카스텔라샌드 외 p.9, 영국토스트 p.100)
아오모리현 아오모리시 가나자와3-22-1
TEL/017-776-1111(본사)

가토빵(앙카케빵, 기름빵 외 p.9)
아오모리현 산노헤군 산노헤마치 가와모리타 오키나카6
TEL／0179-23-3876

〈이와테현〉

이치노베제빵 이치노헤직판장(달걀빵 p.86)
이와테현 니노헤군 이치노헤마치 이치노헤 고에다바시44
TEL/0195-32-2372(직판장)

오리온베이커리
(영국샌드, 지카라단팥빵 외 p.10)
이와테현 하나마키시 히가시미야노메 다이12치와리4-5
TEL/0198-24-0222

시라이시식품공업
(마가린샌드 p.100)
이와테현 모리오카시 구로카와23-70-1
TEL/019-696-2111(본사)

소마야과자점
(잼빵 p.79)
이와테현 미야코시 니시마치2-3-27
TEL/0193-62-1729

후쿠다빵 모리오카본점
(앙버터샌드 외 p.114~115)
이와테현 모리오카시 나가타초12-11
TEL/019-622-5896

요코사와빵집
(연결롤 p.135)
이와테현 모리오카시 미쓰와리1-1-25
TEL/019-661-6773

〈아키타현〉

산쇼도(앙도넛 p.178)
아키타현 아키타시 나카도리5-7-8
TEL/018-833-8401

다케야제빵
(바나나보트 외 p.11, 아베크토스트 p.101,
학생조리 p.124, 비스킷 p.164)
아키타현 아키타시 가와시리마치 오카와바타233-60
TEL/018-864-3117

다케야제빵(초코버터샌드 p.118)
※폐업

야마구치제과점
(앙도넛 p.160)
아키타현 오다테시 야마다테 다지리238
TEL/0186-49-6619

〈야마가타현〉

다이요빵
(베타초코 p.82)
야마가타현 히가시오키타마군 다카하타마치 후카누마 2859-6
TEL/0238-52-1331(공장직영점)
TEL/0238-52-1331(본사)

료코쿠(펼친 초코 p.82)
※폐업

〈미야기현〉

이시이야(멜론빵 p.77)
미야기현 센다이시 아오바구 가미스기1-13-31
TEL/022-223-2997

오야마지점(크림빵, 잼빵 외 p.12)
미야기현 시바타군 가와사키마치 마에카와 나카마치20-2
TEL／0224-84-2071

고신도(기념빵, 연인빵 p.129)
미야기현 센다이시 와카바야시구 아라마치28
TEL/022-222-2271

〈후쿠시마현〉

오토모빵집(크림박스 p.194)
후쿠시마현 고리야마시 도라마루마치24-9
TEL/024-923-6536

오카자키도넛(무좀빵 p.133)
후쿠시마현 후쿠시마시 주겐초9-12
TEL/024-523-2563

기요카와제과제빵점(기요카와제빵)
(기름빵 p.161)
후쿠시마현 다테군 가와마타마치 모토마치38
TEL/024-565-3436

고게쓰도
(소문의 푸딩빵 p.168)
후쿠시마현 후쿠시마시 도요타마치4-1
TEL/024-522-0320

나카야빵집(가토나카야)
(크림박스 p.194)
후쿠시마현 고리야마시 가이세이3-12-12
TEL/024-932-2133

하라마치제빵(요쓰와리빵 p.120)
후쿠시마현 미나미소마시 하라마치구 혼진마에3-1-5
TEL/0244-23-2341

빵공방카기세이
(과일빵 p.165)
후쿠시마현 스카가와시 가미키타마치50-1
TEL/0248-73-2645

후타바야빵집(원조커피빵 p.103)
후쿠시마현 고리야마시 도마에마치25-21
TEL/024-932-1095

로미오 이토요카도 고리야마점
(로미오의 크림박스 p.195)
후쿠시마현 고리야마시 니시노우치2–11–40
이토요카도 고리야마점 1층
TEL/024–939–1220

〈니가타현〉

이노야상점(우유빵 p.196)
니가타현 이토이가와시 혼초6–8
TEL/025–552–0260

오카무라제빵점
(카스텔라빵 p.149, 우유빵 p.198, 샌드빵 p 207)
니가타현 조에쓰시 데라마치2–9–13
TEL/025–523–3518

고다케제과(샌드빵 p.207)
니이가타현 조에쓰시 미나미타카다마치3–1
TEL/025–524–7805

고마치야(폿포야키 p.177)
니가타현 시바타시 다이에이초2–7–10
TEL/0254–20–8906

스페인화덕 빵노카부토(샌드빵 p.207)
니가타현 니가타시 주오구 메이케카미야마5–4–35
TEL/025–283–4741

데일리야마자키 니가타오지마점
(오지마단팥빵 p.65)
니가타현 니가타시 주오구 오지마17–9
TEL/025–288–0221

돈쇼제빵
(슈거리프, 카스텔라빵 외 p.13)
니가타현 니가타시 니시칸구 마키코564
TEL/0256–72–2213

나카가와제빵소
(삼색빵 외 p.12, 카스텔라샌드 p.150)
니가타현 사도시 구리노에1502–8
TEL/0259–66–3165(본사)

〈나가노현〉

가네마루빵집(우유빵, 커피우유빵 p.197)
나가노현 기소군 기소마치 후쿠시마5354
TEL/0264–22–2437

다이호빵집(식빵 p.100)
나가노현 이다시 마쓰오마치1–13
TEL/0265–22–1443

다쓰노제빵공장
(코코넛단팥빵 p.68, 식빵 땅콩 p.99, 우유빵 p.198)
나가노현 가미이나군 다쓰노마치 히라이데1818–1
TEL/0266–41–0482

고후루이과자점
(회오리빵 p.134)
나가노현 시모타카이군 야마노우치마치 히라오2114
TEL/0269–33–3288

나카무라야빵집
(카스텔라빵 p.151, 우유빵 p.198,
두뇌빵 오구라&네오 p.202)
나가노현 나가노시 미요시초1–3–58
TEL/0269–22–2451

불랑제리나카무라
(우유빵 p.196)
나가노현 시오지리시 다이몬나나반초8–3
TEL/0263–52–3145

마루로쿠타나카제빵소
(은방울꽃단팥빵 p.132)
나가노현 고마가네시 아카호7855–1
TEL/0265–82–3838

몬드울타무라야
(우유빵, 카스텔라잼 외 p.14)
나가노현 사쿠시 나카고미2438
TEL/0267–62–0463

몽파르노
(우유빵 p.199)
※폐업

야지마제빵
(진짜단팥빵 외 p.15, 두뇌빵 p.201)
나가노현 나가노시 신슈신마치 신마치26
TEL/026–262–2076

〈도치기현〉

화덕빵공방 기라무기
(빵통조림 p.134)
도치기현 나스시오바라시 히가시코야368
TEL/0287–74–2900

온천빵(원조온천빵 p.131)
도치기현 사쿠라시 소오토메95-6
TEL/028-686-1858

〈군마현〉

아시아제빵소
(달걀빵 p.111)
군마현 마에바시시 이와가미마치2-4-26
TEL/027-231-4020

올림픽빵집(식빵샌드 p.97)
군마현 아가쓰마군 나카노조마치965-2
TEL/0279-75-2408

군이치빵 본점
(군이치의 바삭바삭멜론빵 p.77)
군마현 이세사키시 요게초10
TEL/0270-32-1351(본사)

고마쓰야(꽃빵 p.174)
군마현 기류시 혼초4-82
TEL／0277-44-5477

샤론후시미야
(원조된장빵 p.206)
군마현 누마타시 니시쿠라우치마치809-1
TEL/0278-22-4181

닛타제빵
(멜론빵 p.77, 옛날 그대로의 급식 콧페빵 p.116, 영양빵 p.128)
군마현 오타시 혼초25-33
TEL/0276-25-3001

〈이바라키현〉

이케다야과자점
(케이크빵 p.169)
이바라키현 이시오카시 후추5-1-34
TEL/0299-22-2083

이마미야빵집
(카스텔라빵 p.148)
이바라키현 이시오카시 고쿠후6-1-27
TEL/0299-22-6038

기무라야
(카스텔라빵 p.152)
※폐업

니시무라빵
(샐러드빵 p.108)
이바라키현 미토시 도키와초2-3-22
TEL/029-221-5318

미요시노과자점
(콧페빵 러스크 p.164)
이바라키현 고가시 혼초3-2-17
TEL/0280-32-0748

〈사이타마현〉

이토제빵
(두뇌빵 p.201)
사이타마현 사이타마시 이와쓰키구 스에다2398-1
TEL/048-798-9862(고객센터)
※두뇌빵은 단종

산케이상사
(베이비앙도넛 p.179)
사이타마현 도다시 비조기6-17-11
TEL/048-421-0013

〈지바현〉

기무라야제빵
(카스텔라빵 p.152)
지바현 도가네시 도가네1275
TEL/0475-52-2202(본사)

나카무라야 다테야마에키마점
(특제단팥빵 · 고운 단팥빵 p.64)
지바현 다테야마시 호조1882
TEL/0470-23-2133

피터팬
(니코니코피넛 p.139)
지바현 후나바시시 가이진3-24-14
TEL/047-410-1021

프레센테
(히비와레볼 p.170)
지바현 지바시 이나게구 도도로키초2-4-22
TEL/043-284-3450

야마구치제과점
(콧페빵앙버터 p.66, 산오레 p.104, 나뭇잎빵 p.176, 아마쇼쿠 p.177)
지바현 조시시 기요카와초2-1122
TEL/0479-22-4588

〈도쿄도〉

카틀레아양과자점(원조카레빵 p.73)
도쿄도 고토구 모리시타1-6-10
TEL/03-3635-1464

긴자키무라야
(주종단팥빵 벚꽃, 잼빵 p.73)
도쿄도 주오구 긴자4-5-7
TEL/03-3561-0091

샌드위치팔러 · 마쓰무라(니혼바시제빵)
(지쿠와도그 p.105)
도쿄도 주오구 니혼바시닌교초1-14-4
TEL/03-3666-3424

세키구치프랑스빵
(프랑스빵 바게트 p.72)
도쿄도 분쿄구 세키구치2-3-3
TEL/03-3943-1665

다이이치야제빵
(애플링 p.166)
도쿄도 고다이라시 오가와히가시초3-6-1
TEL/042-348-0211(대표번호)

다카세 이케부쿠로본점
(카지노, 판타지크림 외 p.20)
도쿄도 도시마구 히가시이케부쿠로1-1-4
TEL/03-3971-0211

조시야
(크로켓빵 p.74)
도쿄도 주오구 긴자3-11-6
TEL/03-3541-2982

니콜라스세이요도(식빵 p.94)
도쿄도 세타가야구 와카바야시3-19-4
TEL/03-3410-7276

신주쿠나카무라야
스위츠&델리카 본나
(원조크림빵 p.73)
도쿄도 신주쿠구 신주쿠3-26-13
신주쿠나카무라야빌딩 지하 1층
TEL/03-5362-7507

펠리컨
(롤빵 p.111)
도쿄도 다이토구 고토부키4-7-4
TEL/03-3841-4686(~15시30분까지)

베이커리&Cafe 마루주 오야마본점
(원조콧페빵 p.72)
도쿄도 이타바시구 오야마초5-11
TEL/03-5917-0141

리버티
(토끼빵 p.84)
도쿄도 다이토구 야나카3-2-10
TEL/03-3823-0445

〈가나가와현〉

우치키빵
(잉글랜드 p.94)
가나가와현 요코하마시 나카쿠 모토마치1-50
TEL/045-641-1161

쇼난도
(크림빵 p.85)
가나가와현 후지사와시 가타세해안1-8-36
TEL/0466-22-4727

가모메빵 본점
(급식튀김빵 p.123, 포도의 꿈 p.126)
가나가와현 요코하마시 미나미구 나가타히가시2-10-19
TEL/045-713-9316

기타하라제빵소
(감자칩빵 외 p.184)
가나가와현 요코스카시 옷파마혼초1-3
TEL/046-865-2391

코티베이커리
(시베리아 p.159)
가나가와현 요코하마시 나카구 하나사키초2-63
TEL/045-231-2944

시로바라베이커리
(삼색빵 외 p.183)
가나가와현 요코스카시 구고초3-103-8
TEL/046-851-1717

나카이빵집
(감자칩빵 외 p.182)
가나가와현 요코스카시 미하루초1-20
TEL/046-822-3567

요코스카베이커리
(소프트프랑스 외 p.188)
가나가와현 요코스카시 와카마쓰초3-11
090-2148-2279

와카후지베이커리
(감자칩빵 외 p.186~187)
가나가와현 요코스카시 후나구라1-15-8
TEL/046-835-0548

—

〈야마나시현〉

준짱빵(UFO우유 외 p.46)
야마나시현 고후시 가미이시다2-9-7
TEL/055-228-0745

하기하라제빵소
(학교빵 p.124)
야마나시현 야마나시시 오치아이392
〈판매점〉JA 프루트야마나시직판장 야와타점
TEL/0553-22-2077

마루주야마나시제빵 본점
(레몬빵 외 p.47, 비프카레빵 p.110)
야마나시현 고후시 마루노우치2-28-6
TEL/055-226-3455

마루야(달걀빵 외 p.50)
야마나시현 고슈시 엔잔카미오조1104
TEL/0553-33-2356

마치다제빵(축빵 p.124)
야마나시현 고슈시 엔잔카미오조401
TEL/0553-33-2034

르비앙후지(거북빵 외 p.48~49)
야마나시현 고후시 고쿠보5-4-1
TEL/055-224-4481

—

〈시즈오카현〉

오카다제빵
(오카빵의 멜론빵 p.77)
시즈오카현 가케가와시 닛사카174
TEL/0537-27-1032

가루와달걀공방 후지제빵
(양갱빵 p.155)
시즈오카현 후지시 다데하라1178-3
TEL/0545-51-2128

시미즈야빵집
(잼소보로빵 p.79)
시즈오카현 가모군 마쓰자키초 에나228-1
TEL/0558-42-0245

마루니제과 곤가리앙
(기린짱 p.86)
시즈오카현 시모다시 니시나카12-8
TEL/0558-22-2481

야타로
(카스텔라빵 p.150)
시즈오카현 하마마쓰시 주오구 마루즈카초169
TEL/053-461-8150(본사)

—

〈아이치현〉

오카자키제빵
(단맛 식빵 p.91)
아이치현 오카자키시 아카시부초 이리노쿠치50
TEL/0564-52-2511

기요메모치 총본가
(기요메빵 p.173)
아이치현 나고야시 아쓰타구 진구3-7-21
TEL/052-681-6161

고라쿠야(시베리아 p.158)
※폐업

시키시마제빵
(샌드롤 p.119)
아이치현 나고야시 히가시구 시라카베5-3
TEL/0120-084-835(고객센터)

하치라쿠제빵
(웨하스빵 p.167)
아이치현 신시로시 스기야마 시바사키17-1
TEL/0536-22-2212

후지빵
(스낵샌드 달걀 p.75)
아이치현 나고야시 미즈호구 마쓰소노초1-50(후지빵 본사)
TEL/0120-25-2480(고객센터)

본.센가
(파필로, 레몬빵 외 p.28~29)
아이치현 도요하시시 에키마에오도리1-28
TEL/0532-53-5161

야마토빵(죽순빵 p.131)
아이치현 도요카와시 후루주쿠초 이치미치43
TEL/0533-86-2147
〈직영점〉파뵈르
아이치현 도요카와시 후루주쿠초 이치미치43
TEL/0533-86-2147

요시노빵 요시노베이커리
(데세르 p.87)
※폐업

나카야(앙도넛 p.161)
아이치현 나고야시 지쿠사구 이마이케1-9-16
TEL/052-731-7945

〈미에현〉

시마지야모치텐(야키빵 p.162)
미에현 이세시 도키와2-5-19
TEL/0596-28-0930

다이에이켄제빵소
(단팥빵, 완두 앙금빵 p.67, 땅콩빵 p.138)
미에현 욧카이치시 아사히마치1-10
TEL/059-352-5619

가메이도(모어소프트 p.90)
미에현 마쓰사카시 가와이마치828-7
TEL/0598-21-1608

마루요제빵소(앙도넛, 꿀빵 외 p.22~23)
미에현 이세시 요카이치바초1-26
TEL/0596-28-2708

리스돌(패션, 밤빵 외 p.24)
미에현 욧카이치시 도미다4-2-3
TEL/059-365-0945

〈기후현〉

고가네빵
(땅콩버터 · 땅콩샌드 p.139)
기후현 기후시 야나이즈초 가미사바니시1-127
TEL／0120-708-712

〈도야마현〉

사와야식품
(하프문 외 p.16, 프랑스빵 p.86, 커피스낵 p.103)
도야마현 이미즈시 히로카미2000-35
TEL/0766-51-6388

시미즈제빵(비취빵 p. 154)
도야마현 시모니카와군 아사히마치 가나야마406
TEL / 0765-82-0507(본사)

도야마제빵
(베스트브레드 p.81)
도야마현 도야마시 아키가시마269-1
TEL/076-429-3585

하바제과
(앙도넛 p.178)
도야마현 난토시 시모나시2096
TEL/0763-66-2536

〈이시카와현〉

사노야제과제빵
(커피토스트 p.102, 화이트샌드 p.191, 두뇌빵 p.200)
이시카와현 나나오시 야타마치2-10
TEL/0767-52-0665(본사)

다마본가
(화이트빵 p.192)
이시카와현 스즈시 이다마치12-5
TEL/0768-82-0567

뉴후루카와
(젓갈빵 외 p.57)
이시카와현 와지마시 게카치다이라마치52-37
TEL/0768-22-4325

빵아즈마야
(두뇌빵 외 p.17, 화이트샌드 p.190)
이시카와현 고마쓰시 도이하라마치112
TEL/0761-22-2625

불랑제타카마쓰
(화이트샌드 p.192)
이시카와현 가나자와시 요시와라마치 이241
TEL/076-258-0241

〈후쿠이현〉

오카와빵
(다마곤볼, 마리토 외 p.19)
후쿠이현 사카이시 마루오카초 이노쓰메2-501
TEL/0776-66-0237

다루마야
(가타빵 p.162)
후쿠이현 쓰루가시 가나야마72-11-3
TEL/0770-22-5541

마루사빵
(마루사빵, 버터토스트 외 p.18)
후쿠이현 후쿠이시 데요세1-16-6
TEL/0776-21-3695

유럽빵 기무라야
(다이후쿠단팥빵, 매실보조개, p.67,
하프타입 식빵 p.91, 군대 가타빵 p.163)
후쿠이현 사바에시 아사히마치2-3-20
TEL/0778-51-0502

〈시가현〉

쓰루야빵 본점
(샐러드빵, 샌드위치 외 p.21)
시가현 나가하마시 기노모토초 기노모토1105
TEL/0749-82-3162

〈교토부〉

사사키빵
(선라이즈, 멜론빵 외 p.6~7)
교토부 교토시 후시미구 나야마치117
TEL/075-611-1691

시즈야 본점
(카르네 p.113)
교토부 교토시 우쿄구 야마노우치 고탄다초10
TEL/075-803-2550

SIZUYAPAN 교토역점
(시즈야빵 p.71)
교토부 교토시 시모교구 히가시시오코지초8-3
JR교토역 하치조구치
TEL/075-692-2452

신신도 데라마치점
(레트로바게트 "1924" p.112)
교토부 교토시 나카교구 구엔인마에초674
TEL／075-221-0215

〈오사카부〉

아사히제빵
(사카이친덴빵 p.96)
오사카부 사카이시 사카이구 시노노메 니시마치1-2-22
TEL/072-238-5481(본사 대표번호)

화덕빵공방 롬퍼루
(허니도넛 p.179)
오사카부 오사카시 다이쇼구 지시마1-23-115
지시마가든몰 내
TEL/06-6554-3526

사강제빵
(사강의 과자빵, 딸기잼빵 외 p.25)
오사카부 이즈미사노시 히네노2165-5
TEL/072-467-0256

누벨키무라야
(슈버터 p. 88)
오사카부 오사카시 조토구 시기타히가시1-9-9
TEL／06-6968-5306

YK베이킹컴퍼니
(삼미 p.81)
오사카부 오사카시 히가시요도가와구 호신2-16-14
TEL/0120-470-184(고객센터)

〈나라현〉

오쿠무라베이커리
(버터크림, 멜론롤 외 p.33)
나라현 가시하라시 우나테초227
TEL/0744-22-2936

마루쓰베이커리
(스트롱브레드 외 p.54, 파필로 p.87)
나라현 사쿠라이시 사쿠라이196
TEL/0744-42-3447

〈와카야마현〉

나카타제빵
(프레시롤 p.117)
와카야마현 와카야마시 누노히키774
TEL/073-444-6418

무로이제빵소
(홈빵 외 p.56)
와카야마현 히다카군 미나베초 히가시요시다129-1
TEL/0739-72-2344

라라로케일
(구마구스단팥빵 p.64)
와카야마현 다나베시 가미야시키2-6-7
TEL/0739-34-2146

〈효고현〉

이스즈베이커리(하드 식빵 p.90)
효고현 고베시 효고구 에키미나미도리5–5–1
TEL/078–651–4180(본사)

오이시스
(긴키빵 원조멜론빵 p.78,꽈배기봉 p.127,
긴키빵 카스텔라샌드 p.151)
효고현 이타미시 이케지리2–23
TEL/072–781–8331(본사)

니시카와식품
(콩고물모치, 니시카와플라워 외 p.26~27)
효고현 가코가와시 노구치초 나가스나799
TEL/079–426–1000(본사)

밧코샤하라다
(소바메시롤 외 p.55)
효고현 고베시 나가타구 로쿠반초7–2
TEL/078–577–2255

판넬
식빵 '고토부키' p.92, 천연효모재팬 p.113)
효고현 다카라즈카시 오바야시5–9–73
TEL/0797–76–2987(판넬 맛있는빵 소식 담당)

갓 구운 빵 도미즈 우오자키본점
(앙쇼쿠 p.95)
효고현 고베시 히가시나다구 우오자키 미나미마치4–2–46
TEL/078–451–7633

—

〈오카야마현〉

오카야마키무라야
(스네키 외 p.32, 독일콧페 p.117)
오카야마현 오카야마시 기타구 구와다초2–21
TEL/086–225–3131(본사)
〈판매점〉오카야마키무라야
구라시키공장매점(6:00~22:00)
오카야마현 구라시키시 나카쇼2261–2
TEL/086–462–6122

베이커리돈구
(기름빵, 버터롤 외 p.30~31)
오카야마현 소자시 에키마에1–2–3
TEL/0866–92–0236

니브베이커리
(구라시키로만 p.127)
※폐업

〈히로시마현〉

오기로빵 본점
(멜론빵, 콧페빵 p.76, 샤리샤리빵 p.116)
히로시마현 미하라시 미나미3–1–32
TEL/0848–62–2383

스미다제빵소(초코빵 p.80, 꽈배기빵 p.178)
히로시마현 오노미치시 무카이시마초24–1
TEL/0848–44–0628

다카키베이커리
(복각판 덴마크롤, 복각판 데니시롤 p.169)
히로시마현 히로시마시 아키구 나카노히가시3–7–1
TEL/0120–133–110
(고객센터/9시~17시, 토 · 일 · 공휴일 · 연말연시 제외)

후쿠즈미프라이케이크(프라이케이크 p.179)
히로시마현 구레시 나카도리4–12–20
TEL/0823–25–4060

멜론빵 본점(평화빵, 나나빵 외 p.36~37)
히로시마현 구레시 혼도리7–14–1
TEL/0823–21–1373

—

〈돗토리현〉

가메이도(샌드위치 p.98, 러스크 p.170)
돗토리현 돗토리시 도쿠노오122
TEL/0857–22–2100(본사)

고베베이커리 미즈키로드점
(기타로빵패밀리 p.136)
돗토리현 사카이미나토시 마쓰가에초31
TEL/0859–44–6265

—

〈시마네현〉

가나이제과제빵소
(기린빵 p.89, 오하요 식빵 p.91)
시마네현 오키군 오키노시마초 사카에마치811–21
TEL/08512–5–2031

기무라야제빵
(네오토스트 외 p.38, 기무라야 ROSE p.204,
제사빵 p.210)
시마네현 이즈모시 지이미야초882
TEL/0853–21–1482(본사)

스기모토빵
(와레빵 외 p.39)
시마네현 야스기시 구로이다초429-20
TEL/0854-22-2415

난포빵
(장미빵 p.203, 제사빵 p.211)
시마네현 이즈모시 지이미야초1274-6
TEL/0853-21-0062

PANTOGRAPH
(제사빵세트 p.209)
시마네현 마쓰에시 스에쓰구초23
TEL/0852-21-5290

YK마쓰야
(제사빵 p.208)
시마네현 마쓰에시 야다초250-20
TEL/0852-24-2400

〈야마구치현〉

소게쓰도제빵
(사쿠랏코, 우유빵 외 p.38)
야마구치현 우베시 이마무라키타4-25-1
TEL/0836-51-9611

〈가가와현〉

마루킨제빵공장
(콩빵 외 p.35, 플라워브레드 장미 p.205)
※폐업

〈도쿠시마현〉

로바노빵 사카모토
(로바노빵 p.172)
도쿠시마현 아와시 요시노초 가키하라 니시니조211-2
TEL/088-696-4046

〈에히메현〉

우치다빵
(흑당빵 p.93)
에히메현 마쓰야마시 주오1-12-1
TEL/089-989-7262

쓰키하라베이커리(귤빵 p.92)
에히메현 이마바리시 아사쿠라카미코2461-5
TEL/0898-56-1120

미쓰바야
(커스터드크림빵 p.85)
에히메현 마쓰야마시 미나토마치3-5-24
TEL/089-921-1616

〈고치현〉

나가노아사히도 본점
(니코니코빵 외 p.34, 모자빵 p.193
※폐업

히시다베이커리
(양갱빵 p.157)
고치현 스쿠모시 와다340-1
TEL/0880-62-0278

야마테빵 공장점
(모자빵 p.193)
고치현 고치시 미나미쿠보16-10
TEL/088-884-9966

〈후쿠오카현〉

기무라야
(핫도그 p.107)
※폐업

도쿄도빵
(핫도그 p.107)
후쿠오카현 구루메시 고쿠부마치216
TEL/0942-21-9658

시로야 잇핀도리점
(서핑 p.171)
후쿠오카현 후쿠오카시 하카타구 하카타에키추오가이1-1
TEL/092-409-2682

스피나
(구로가네 가타빵 p.163)
후쿠오카현 기타큐슈시 야하타히가시구 히라노2-11-1
TEL/093-681-7350(상업레저부 가타빵과)

료유빵
(카스텔라샌드 외 p.40~41, 맨해튼 p.178)
후쿠오카현 오노조시 아사히가오카1-7-1
TEL/0120-39-6794(고객 서비스 담당)

〈구마모토현〉

신세이도(긴토키빵 외 p.35)
구마모토현 야마가시 야마가282
TEL/0968-43-2888

다카오카제빵공장(파빵 p.125)
구마모토현 구마모토시 히가시구 사카에마치1-11
TEL/096-368-2550

만코도(멜론빵 p.78)
구마모토현 아라오시 요쓰야마마치3-2-10
TEL/0968-62-0323

요시나가제빵소
(버라이어티미니빵세트 p.137)
구마모토현 아마쿠사시 우시부카마치1124
TEL/0969-72-3418

〈사가현〉

아메리카빵(다이아밀크 p.117)
사가현 가시마시 노도미분2904
TEL/0954-62-3218

유럽풍빵 나카가와(콩고물빵 p.121)
사가현 도스시 마쓰바라마치1725-5
TEL/0942-83-7832

〈나가사키현〉

나가사키스기카마
(전승 하토시샌드 p.130)
나가사키현 나가사키시 오하마마치1592
TEL/095-865-3905

하치노이에
(카레빵 p.110)
나가사키현 사세보시 사카에마치5-9 선클2번관 1층
TEL/0956-24-4522

빵공방 렌조(가모메빵 p.131)
나가사키현 이사하야시 가와토코마치258-1
TEL/0957-56-9870

빵노이에
(본가샐러드빵 p.109, 구운 사과 p.166)
나가사키현 니시소노기군 도기쓰초 하마다고565-13
로드맨션 1층
TEL/095-881-7676

〈오이타현〉

쓰루사키식품(삼각치즈빵 p.122)
오이타현 오이타시 사코1002
TEL/097-521-8847

〈미야자키현〉

미카엘도(자리빵 p.116)
미야자키현 미야자키시 오쓰카초 곤겐자쿠865-3
TEL/0985-47-1680

〈가고시마현〉

이케다빵
(킹초코 외 p.39, 신콤3호 p.131, 래빗빵 p.155)
가고시마현 아이라시 히라마쓰5000
TEL/0120-179-081(수신자 부담)

오타베이커리
(트위스트도넛 외 p.53)
가고시마현 가고시마시 이시키8-21-20
TEL/099-220-6181

〈오키나와현〉

오키코빵(제브러빵 p.140)
오키나와현 나카가미군 니시하라초 고치371
TEL/098-945-5021

구시켄
(나카요시빵, 건강빵 외 p.42)
오키나와현 우루마시 스자키12-90
TEL/098-921-2229(본사)

다이이치빵(지마요 p.106)
오키나와현 나하시 슈리이시미네초4-236
TEL/098-886-2018

하마쿄빵
(패밀리롤 p.87)
오키나와현 이토만시 니시자키초4-15
TEL/098-992-2037(본사)

후지제과제빵
(회오리빵 p.164)
오키나와현 미야코지마시 히라라 니시자토1135-1
TEL/0980-72-2541(본사)

◎ 아래는 『현지 빵 수첩地元パン手帖』(가이 미노리 지음, 그래픽사, 2016)의 내용을 다시 실었습니다.

P. 22~23, 34~35, 64, 72~73, 74, 75, 76, 77, 79, 81, 82, 83, 84, 85, 86~87, 94~95, 98, 99, 100~101, 103, 104, 105 아래, 107, 108, 109, 110, 111, 113 아래, 114~115, 116~117, 118, 120, 121, 124, 125, 127 위,128, 129, 131, 133, 134, 136, 150, 152, 153, 154, 155, 157, 158, 159, 160, 161 위, 162~163, 164, 167, 170 아래, 171, 172, 176 아래, 177 위, 190, 192, 193, 194, 196, 199, 200, 201, 203, 204, 205

칼럼①~⑤, 일본 빵의 시작은 긴자에서
(P. 58~61, 141, 144~146, 224~225, 226~228, 229~231)

Collection ※일부 새로운 내용 추가
(P. 44, 62, 142~143, 180, 212)

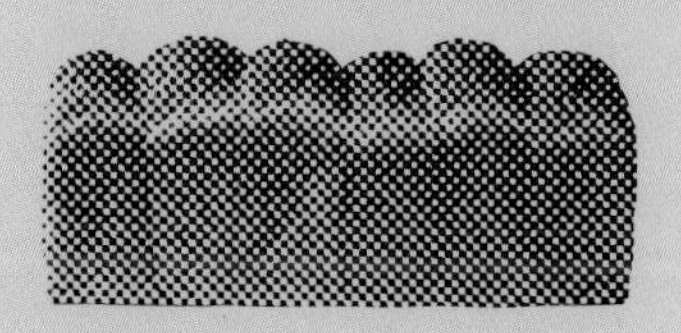

따끈따끈 일본 전국 빵지순례 500선 빵

초판인쇄 2024년 10월 31일
초판발행 2024년 10월 31일

지은이 가이 미노리
옮긴이 일본콘텐츠전문번역팀
발행인 채종준

출판총괄 박능원
국제업무 채보라
책임번역 김예진
책임편집 유나
디자인 김예리
마케팅 전예리 · 안영은
전자책 정담자리

브랜드 크루
주소 경기도 파주시 회동길 230(문발동)
투고문의 ksibook13@kstudy.com

발행처 한국학술정보(주)
출판신고 2003년 9월 25일 제406-2003-000012호
인쇄 북토리

ISBN 979-11-7217-573-3 13980

크루는 한국학술정보(주)의 자기계발, 취미 등 실용도서 출판 브랜드입니다.
크고 넓은 세상의 이로운 정보를 모아 독자와 나눈다는 의미를 담았습니다.
오늘보다 내일 한 발짝 더 나아갈 수 있도록, 삶의 원동력이 되는 책을 만들고자 합니다.